白い土地

ルポ　福島「帰還困難区域」とその周辺

三浦英之

集英社文庫

白い土地　ルポ 福島「帰還困難区域」とその周辺　目次

帰還困難区域とその周辺

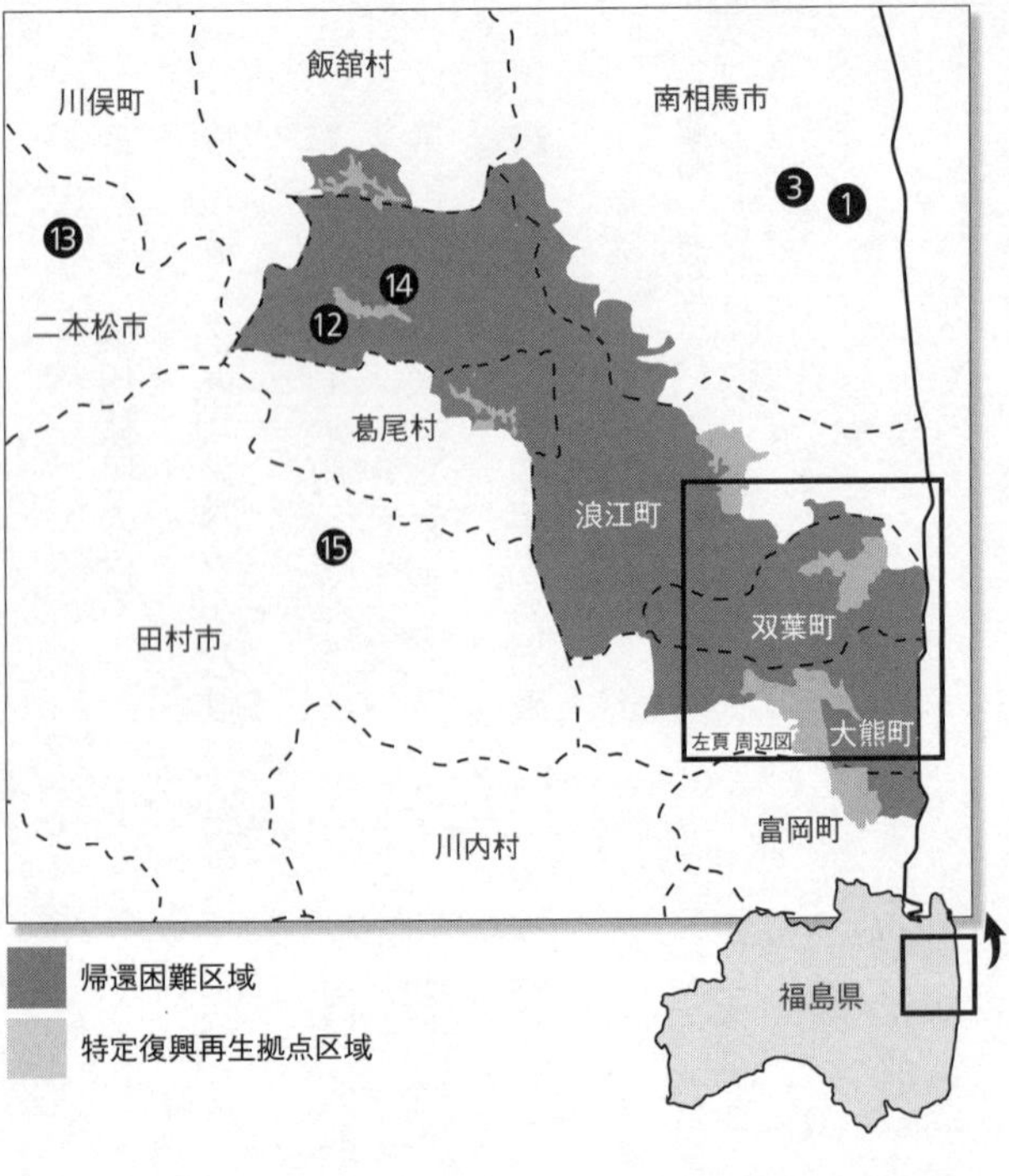

本書に登場する主な取材場所や地名
（登場順）

❶ 著者のアパート
❷ 木村紀夫の自宅
❸ 県立相馬農業高校
❹ 県立双葉高校
❺ 浪江町立なみえ創成小・中学校
❻ 鈴木新聞舗
❼ 著者が新聞配達で回っていた事務所
❽ 浪江町立請戸小学校

東京電力福島第一原子力発電所周辺

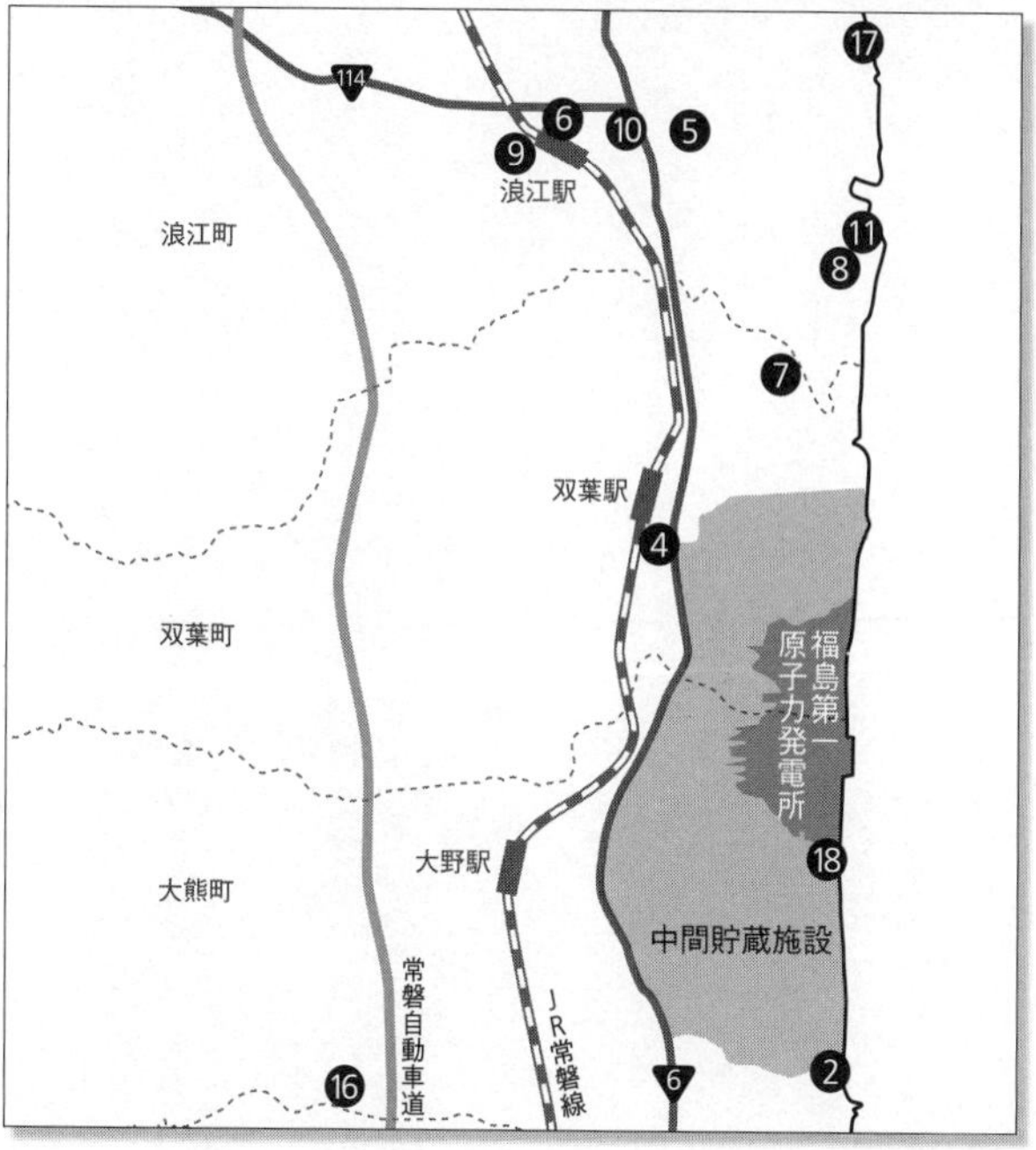

❾ 居酒屋いふ
❿ 浪江町役場
⓫ 請戸漁港
⓬ 浪江町役場津島支所
⓭ 二本松市役所東和支所
⓮ 赤宇木集落
⓯ フレコンバッグ流出現場
⓰ 大熊町役場新庁舎
⓱ 福島水素エネルギー研究フィールド
⓲ ヒラメの旧養殖場

白い土地

ルポ　福島「帰還困難区域」とその周辺

序章　白い土地

《白地》（しろ・じ）

その聞き慣れない行政用語を私が最初に耳にしたのは、福島県北部の福島市から東沿岸部の南相馬《みなみそうま》市に移住した二〇一九年五月のことだった。

東京電力福島第一原発が立地する福島県大熊町《おおくままち》の職員がある日、その言葉の意味を教えてくれた。

「《白地》とは帰還困難区域の中でも特定復興再生拠点区域以外のエリアを指します。白地図に落とし込んだとき、そこには避難指示解除の予定日や除染の開始日が何も記されていないから——」

それらはわかりやすく言うと、つまり次のような意味になりそうだった。

東京電力福島第一原発の事故により、福島県内には大量の放射性物質が降り注いだ。政府は放射線量が極めて高く、住民の居住ができない地域を「帰還困難区域」と認定し、住民の立ち入りを厳しく制限してきた。

ところが二〇一〇年代後半、その「帰還困難区域」に小さな変革が生まれた。政府は故郷への帰還を求める住民の要望を受けて「帰還困難区域」の中に「特定復興再生拠点区域」というエリアを定め、その限られた地域を国が積極的に除染していくことで二〇二三年春までに避難指示を解除する――つまり住民が住めるようにする――方針を打ち出したのである。

政府の判断によって新たに生み出された、還《かえ》れる「帰還困難区域」と、還れない「帰還困難区域」。

《白地》とはすなわち後者、「帰還困難区域」の中でも国が除染を進める「特定復興再生拠点区域」に含まれない、つまり将来的にも住民の居住の見通しがまったく立たない約三一〇平方キロメートルのエリアを指し示す、主に復興事業に従事する役所関係の人々の間で二〇一〇年代後半から使われ始めた隠語のようなものらしかった。

私がアフリカでの勤務を終えて福島県内に着任したのは、ちょうど政府による特定復興再生拠点区域の認定が始まった二〇一七年秋だった。それは偶然にも、特定復興再生拠点区域に認定された集落や市街地が除染によって徐々に光を取り戻していく時期と重なっていた。光が強く照射されればされるほど、光のあたらない場所は対照的にその影の色合いを深めていく。後に《白地》と呼ばれるその場所は皮肉にも――その文字の意味とは裏腹に――時間の経過と共に黒く塗りつぶされていく運命にあったのだ。

私は職業記者として約三年間、《白地》と呼ばれる「帰還困難区域」やその周辺地域に通い続けた。原子力行政の失敗によって「還れない」とされた土地にはかつて、どのような歴史や文化があったのか。その周辺では今、どのような人々がいかなる感情を抱《いだ》いて生きているのか。ここに綴《つづ》られている文章は、私が取材拠点を南相馬市へと移して、より頻繁にそれらの地域を取材した後期の一年間（二〇一九年春から二〇二〇年春）における個人的なクロニクルであり、そこで生き抜く人々に焦点をあてた人物ルポルタージュである。

そしてその期間は奇《く》しくも、日本が「復興五輪」という名の東京オリンピックに邁進《まいしん》し、誰もが予期しえなかった新型コロナウイルスの猛威によって開催延期を余儀なくされた「魔の一年」と合致している。

人々は夢を追い求め、光に踊らされ、やがて深い闇へと沈んでいった。

そんな暗示的な光と影の季節の中を、私は「白い土地」へと通い続けた。

第一章

夕凪の海

1

私が福島県南相馬市にある朝日新聞南相馬支局への転勤を命じられたのは二〇一九年五月だった。政府が発令した原子力緊急事態宣言は未《いま》だ解除されておらず、住民が自由に立ち入ることさえできない帰還困難区域もまだ広大な範囲で残されているのに、翌年夏に迫った東京オリンピックでは東北地方の復興を世界に広くアピールするために「復興五輪」と銘打たれるのだと聞かされていた。南相馬市の中心部は水素爆発した東京電力福島第一原発の北方約三〇キロに位置している。私はそんな被災地取材の最前線に赴任して、歴史的な混沌《こんとん》をその象徴たる原発被災地で目撃できることを職業記者として有り難く思うべきなのか、はたまた「復興」と「五輪」という本来は相容《あいい》れない、お互いが限られた国家予算を侵蝕《しんしょく》し合うべき事物を一緒くたにして大騒ぎすることに社会人として深く恥じ入るべきなのか、自分でも考えがうまくまとまらないまま引っ越し業者に連絡を取った。

この時期における南相馬支局への私の異動は新聞社全体から見ればいささか特例的な

ものではあったが（記者は通常三～四年で任地の異動を繰り返すが、私は福島総局に配属されてからまだ一年半しか経《た》っていなかった）、私にとっては（あるいは会社にとっても）半ば織り込み済みの人事だった。

私が当時担当していた、東京電力福島第一原発のある福島県大熊町がその春に町内の一部で避難指示が解除される見通しとなり、原発事故以来、故郷から約一〇〇キロ離れた福島県会津若松《あいづわかまつ》市で業務を続けていた町役場や福島県内外で避難生活を送っていた町民の一部が八年ぶりに大熊町内に戻ることが確実視されていたからである。三年間のアフリカ勤務を終えて福島総局へと配属された私は、それまで取材のたびに福島総局のある福島市から車でそれぞれ約二時間かけて大熊町役場が避難している会津若松市や実際の被災地である大熊町へと通っていたが、避難指示の一部解除に合わせて大熊町の町役場や町民が沿岸部の故郷に戻るのであれば、取材者である私も大熊町にほど近い南相馬支局へと取材拠点を移した方が何かと便利なのではないかと東京の人事セクションは考えたようだった。南相馬支局は開設以来、ベテラン記者（支局長）が一人で勤務する「一人支局」だったため、私は栄誉ある「初代・南相馬支局員」（支局長の部下）として原発被災地に赴任することになった。

上司から正式に内示を受けたとき、私が最初に取った行動はやはり、パソコン上で南相馬市内の放射線量を確認することだった。

もちろん、避難指示が解除された地域については放射線量の値が基準値内に収められていることは十分理解していたし、これまでにも月に何度かは放射線量が高い沿岸部の帰還困難区域に出入りしたり、防護服に身を包んで東京電力福島第一原発の構内に足を踏み入れたりするたびに、個人用線量計で被曝《ひばく》線量を管理していた。

しかし、それらは所詮《しょせん》入って出るだけのいわばスポット（点）的なものであり、そこで長期間寝泊まりして年単位で生活を営むこととはまるで別物であるように思われた。

インターネットで調べてみると、南相馬支局のある南相馬市原町《はらまち》区の空間線量は毎時〇・一四マイクロシーベルト。国の算出によれば、周囲の空間線量が毎時〇・二三マイクロシーベルトを超えると、一般の人が一年間に浴びることのできる年間一ミリシーベルトに達する可能性があるという。少なくとも日常生活に影響が出るレベルではない――はずだ。私は自分に言い聞かせるようにしてパソコン上の画面を閉じた。

問題は放射線量ではなく、むしろ住居の方だった。

福島第一原発の半径約一〇～四〇キロ圏内に位置する南相馬市では震災直後、南部の小高《おだか》区には避難指示が出されたものの、市役所などが集まっている原町区の中心部は避難指示の範囲に含まれなかったため、震災後しばらくすると原発事故によって故郷を追われた避難住民や復興事業者などが殺到し、避難生活を送るための家族用アパートや復興作業員向けの単身者用アパートなどが次々と建設された。私が不動産会社を訪れた二〇一九年四月にもその住宅難はまだ続いており、単身者用アパートはどこも満杯で、入居できるのは避難中の家族が退去してできた数部屋の家族用アパートだけだった。

私が契約できたのは二階建てアパートの一階で、家賃七万円の2DK（約五〇平米）。それまで借りていた同じ間取りの福島市内のライオンズマンションよりも一万円ほど高い物件だったが、周囲の状況を見る限り、あまり贅沢《ぜいたく》は言えそうになかった。

引っ越しを終えた後、早速、被災地の「現実」を思い知らされた。

昼間は無音だった二階から深夜、大きな罵声《ばせい》と足音が響く。言い争っているのか、もみ合っているのか、複数の男の怒鳴り声が聞こえる。「会話」に耳を澄ませてみると男は三人、いや四人以上いる。

しまったな、と後悔したが遅かった。物件を借りる際には不動産会社で周囲の騒音などについて確認したつもりだったが、私が暮らす家族用アパートの上階はどうやら、除染などの仕事を請け負う作業員たちの宿舎になっているようだった。その日以降も深夜の罵声や足音は断続的に続き、その声から察するに寄宿する作業員たちは数週間ごとに入れ替わっているようだった。

引っ越しから一カ月が過ぎた六月中旬には、就寝中の午前一時に「オラー、出てこい！」という怒鳴り声と共に私の部屋のインターホンが何度も激しく鳴らされた。眠りを邪魔された苛立《いらだ》ちと「こっちはアフリカ帰りだ、怖いものなんてねーぞ」という根拠のない自信に背中を押されてドアを蹴り開けると、派手なシャツを着た、見るからにヤクザ風の中年と髪を金色に染めたチンピラ風の青年の二人がドアの前に立ちはだかっていた。

「こいつか?」とヤクザ風の中年が聞くと、「い、いえ、違います」とチンピラ風の青年が戸惑いながら答えた。

「すいません、人違いです……」

青年が私に謝るのと同時に、中年は青年のみぞおちに膝蹴りを入れ、「てめえ、ふざけてんじゃねーぞ」とうずくまる青年の脇腹を何度も上から踏みつけていた。

「もう午前一時なんで、寝かせてくれませんか」

私は小さくそう言うと、玄関に鍵をかけて電気を消した。翌朝、目を覚ましてから不動産会社に苦情を入れると、電話口に出た女性は「他の居住者の方からもお電話がありまして。近くのコインランドリーで二階の住人の方と地元の方が言い争いになられたらしく、相手の方がアパートにまで乗り込んできたみたいなんです」と警察から聞いたらしい事情を申し訳なさそうに説明してくれた。

2

そんな住居をめぐる個人的なゴタゴタを福島県いわき市で暮らす木村紀夫に伝えると、彼は「南相馬もなかなか大変そうだなあ」と心から嬉《うれ》しそうにケラケラと笑った。「今後もそのアパートで暮らさなきゃいけない身としては、そんな楽しい話でもないんですけれどね」と私がいくら説明しても、彼はいかにも愉快だというふうにしばらく笑うのをやめなかった。木村は東日本大震災で父と妻、最愛の次女を亡くしている。私としては誰かを笑わせるためのネタ話ではないはずだったが、彼があまりにも嬉しそうに笑ってくれるので、結果的に心が少しだけ軽くなったような気がした。

私が木村と知り合ったのは二〇一九年二月だった。当時、木村はまだ自宅のある福島県大熊町から約四五〇キロ離れた長野県白馬村《はくばむら》で長女の舞雪《まゆ》と二人きりで避難生活を送っていて、私は大熊町の避難指示が一部で解除されるのを前に、故郷に戻ることができない（木村の自宅は避難指示解除の地域には含まれない帰還困難区域にあった）彼の心境を尋ねに避難先の長野県を訪れたのだ。

白馬村は零下二度の銀世界だった。JR白馬駅からオーストラリア人の観光客で賑《にぎ》わう栂池《つがいけ》高原スキー場へとタクシーで向かうと、雪道に慣れているはずの地元の運転手でさえ雪でタイヤがスタックしてしばらくの間動けなくなった。空を突き刺すように聳《そび》える荘厳な白馬岳《しろうまだけ》。その麓で古いペンションを改造した小さな民家が豪雪で押し潰されそうになっていた。

スマートフォンで連絡を入れると、真っ黒に雪焼けした五〇代の男性が家の中から照れくさそうに這《は》い出してきた。その雪焼けが私には随分と懐かしかった。学生時代、私は年間一〇〇日以上も雪山に籠《こ》もってスキーに明け暮れた基礎スキーヤーだった。木村もまたテレマークスキーを愛好する熱心なスキーヤーらしかった。

スキーという共通の話題を抱えていたこともあり、木村は冒頭から打ち解けたような雰囲気で私の取材を受け入れてくれた。原発事故で家族や生活を奪われたからなのだろう、彼は極力電気に頼らない生活を送っていた。手作りの薪《まき》ストーブにあたりながら、練炭仕様のコタツに入って約三時間、話を聞いた。

「俺は今でも妻と娘を見殺しにしたと思っています」と彼は取材の冒頭、私に告げた。「そして、その事実からは生涯、逃れることはできないと考えています」

持参したいくつもの新聞記事のコピーには、想像では決して物語ることのできない一家の惨禍が綴られている。

二〇一一年三月一一日、木村は職場のある富岡町《とみおかまち》（大熊町の南隣の町）で養豚の仕事をしていた。大きな揺れの後で大熊町に向かうと、海沿いにあった自宅は津波で流され、父の王太朗《わたろう》と妻の深雪《みゆき》、そして七歳の次女の汐凪《ゆうな》が行方不明になっていた。

深夜、暗闇の中で必死に三人を捜したが、どうしても見つけることができなかった。

翌日、自宅から四キロ離れた福島第一原発が爆発し、大熊町全域に避難指示が出されると、木村は学校に避難していて無事だった当時一〇歳の長女・舞雪や七二歳の母・巴《ともえ》を連れ、大熊町から引き離された。

間もなく、父と妻は遺体で発見された。

でもなぜか、七歳の次女・汐凪だけが見つからない。

木村は妻の実家がある岡山県に一時的に身を寄せた後、長女の舞雪が原発事故による放射能の影響を受けぬよう、長野県白馬村へと避難した。そして、そこから毎週のようにまだ見つかっていない次女の汐凪を捜しに約四五〇キロ離れた大熊町へと通い続けたのだ。

中古のワゴン車の助手席にいつも長女の舞雪を乗せて。

3

あの日から八年――。
私が取材で長野県白馬村の自宅を訪れたときには、そんな木村と舞雪の関係も大きな節目を迎えようとしていた。震災当時一〇歳だった舞雪は一八歳になり、この春には高校を卒業して製菓の専門学校に通うため、長野県を離れて東京で寮生活を始めるという。木村も娘の巣立ちをきっかけに生活の拠点を再び福島県内へと移すことを考えていた。

数週間後、私は無理を言って長野県白馬村から福島県大熊町へと通う木村のワゴン車に同乗させてもらった。二人がどんな思いで片道七時間の道のりを通い続けたのか、実際にその風景の中に身を置きながら二人の八年間を振り返ってみたいと思ったのだ。

長野県北部から新潟県を通過して福島県の太平洋側へ。雪深い長野県白馬村を午前一〇時に出発すると、ワゴン車の車窓はやがて荒れ狂う冬の日本海の風景へと変わった。

小さなアクシデントが起きたのは、昼食に立ち寄った新潟県内のサービスエリアだった。それまで静かだった舞雪が突然、最近付き合い始めたというボーイフレンドについて話し始めたのだ。

「どうやって知り合ったの？」

「えっ、ツイッター」

「いいヤツなのか？」

「うん、会えばわかるよ」

不安そうに質問を重ねる父と、どこか突き放すように答える娘。

「いや、舞雪のヤツ、随分生意気になりました」

再び車に乗り込んでハンドルを握った木村は、後部座席で眠りに落ちている舞雪をバックミラーで確認しながら、助手席の私に向かって照れ隠しのように言った。

「高校生ですもん、いいじゃないですか」と私が言うと、木村は小さく笑い、「でも、まあ、舞雪には本当に苦労をかけたなと思っています」とちょっとしんみりした声で話を続けた。

震災直後、まだ一〇歳だった舞雪は一時的に避難した岡山県で周囲に明るく振る舞った。

〈前を向いて明るく生きていきたい――〉

そんな自分で作詞作曲した歌を披露して周りを安心させようとした。

ところが震災の年の夏、木村が警察から「奥さまのご遺体が見つかりました」と携帯電話で連絡を受けたとき、偶然隣で聞いていた舞雪は初めて号泣した。全身を震わせ、両目から大粒の涙がこぼれているのに、口を大きく開けたまま、声が出せない。そのまま布団に潜り込んで、しばらくの間泣き続けた。

「舞雪はそういう子なんです」と木村はハンドルを握りしめて言った。「きっと、ずっと我慢してきた……」

絶対に守らなければいけない。そう誓ったはずの娘がいつの間にか大きくなっている。

妻の深雪は学校給食の調理師でお菓子作りが趣味だった。そんな母親の背中を追うように舞雪は調理師の免許を取り、この春、夢を追って上京する。
「俺はどうだ、と思うときが正直あります」と木村はしっかりと前を向いて言った。
「妻や娘に恥ずかしくない生き方をしているか、と」

4

福島県に差し掛かった頃にはもう日が沈みかけていた。到着したのは福島県いわき市にある築四〇年ほどの古民家だった。舞雪と一緒に白馬村から運んできた洗濯機などを運び込む。木村は春から一人ここに引っ越して、より頻繁に大熊町の自宅跡周辺で汐凪を捜す。

汐凪の遺体の一部が見つかったのは二年前の二〇一六年一二月だった。自宅近くの海辺から小さな首とあごの骨が見つかり、DNA鑑定で汐凪のものと判明した。

でも、まだ身体《からだ》の八割以上が見つかっていない。

その理由を、木村はこの二年間ずっと考え続けてきた。

「汐凪の身体が見つからないのは、たぶん私へのメッセージだと思うんです。『私を捜して。ここで何が起きたのか、みんなに伝えて』。そう、汐凪が言っているような気がして――」

翌日はボランティアと一緒に汐凪が通っていた大熊町内の熊町《くままち》小学校に向かった。教室に入って汐凪の机に写真を飾った後、隣のイスに腰掛けて木村は持参した鍵盤ハーモニカでかつて汐凪と一緒に映画館で見た「崖の上のポニョ」のテーマ曲を吹いた。

「そうそう、最近ちょっと気になったことがあってね」

帰り際に立ち寄った、大熊町沿岸部の自宅の跡地で木村は言った。

「去年夏に発売された宇多田ヒカルのアルバムの中に気になる曲を見つけたんだ。『夕《ゆう》凪《なぎ》』っていうタイトルの曲で。歌詞を読んでいたら、もしかしたら汐凪のことを歌ってくれているんじゃないかと思って――」

スマートフォンで曲名を探ると、画面上に次のような歌詞が浮かび上がった。

〈鏡のような海に／小舟が傷を残す（中略）／あなたと過ごすのは／何年振りでしょうか／落とさぬように抱いた／小さくなったあなたの体〉（作詞・宇多田ヒカル）

思わず胸が熱くなった。木村が宇多田の歌詞に心動かされるのは、その曲のタイトルや歌詞が汐凪を連想させるからだけではない。汐凪が生まれて初めて出かけたコンサートが宇多田のものだったからである。

私は少し心が辛《つら》くなり、あえて話題を逸《そ》らすように木村に聞いた。

「そういえば、今度東京にオリンピックが来るじゃないですか」

「うん」

「どう思いますか。世間では『復興五輪』って呼ばれているみたいだし」

「そうだねえ」と木村はちょっと声のトーンを落として言った。「俺には『復興』はないからね。家族も地域も、もう戻っては来ない……。でも、正直に言うとね。俺、オリンピック、ちょっと楽しみなんだよね。できれば、東京に行って見てみたい」

中学、高校と陸上の中長距離走の選手だった木村はかつて、世界陸上の会場に九日間連続で通ったことのある、オリンピックを楽しみにしている福島県人の一人だ。

「すごいからね。できれば、陸上競技を見たいんだけれどなあ」

吹き上げてくる海風の中で木村が笑う。津波に洗われて基礎だけが残った自宅跡に腰掛けて、二人で簡易バーナーで湯を沸かし、カップラーメンを食べた。

眼下に広がる太平洋は宇多田の歌詞のように凪いではいない。岩に打ち砕かれた潮風がわずか四キロしか離れていない福島第一原発からの砂塵《さじん》もろとも吹きつけてくる。

環境省によると、この場所は今、放射性物質を含んだ汚染土を一時的に保管する「中間貯蔵施設」の予定地になっている。原発を取り囲む約一六〇〇ヘクタールの敷地内にやがて約一四〇〇万立方メートルもの放射能汚染土などが運び込まれる。木村は環境省への土地の売却を拒んでいるが、汐凪の遺体の一部が見つかった海辺も、家族で遊んだ野原も、このままだとやがて中間貯蔵施設へと姿を変える。

「そうはさせないさ」と木村は立ちのぼるカップラーメンの湯気の中で私に言った。

「俺は自分のやるべきことをやらなきゃ。汐凪のためにも、舞雪のためにも」

そんなふうにして、私たちは今、「復興五輪」の現場を生き抜いている。

第二章

馬術部の青春

5

私が移り住んだ福島県南相馬市は全国有数の「馬の町」だった。

いきなり「馬の町」と言われても一般的にはイメージがしにくいかもしれない。北海道のような競走馬の産出地でもなければ、熊本県のように多くの住民が馬肉を愛食しているわけでもない。

ここは年に一度、夏のはじめに開かれる祭礼「相馬野馬追《のまおい》」の町なのである。

一〇〇〇年の歴史を誇るその祭りでは、地元の男衆らが甲冑《かっちゅう》姿で数百騎の馬にまたがって駅前通りを練り歩いたり、家紋を付けた先祖代々の旗を背負って競馬をしたり（甲冑競馬）、花火で打ち上げた御神旗を馬上で――そして半ば命がけで――奪い合ったりする（神旗争奪戦）。戦国時代の絵巻物のような光景を一目見ようと毎年十数万人の観光客が詰めかける東北地方の夏の一大イベントであるだけでなく、住民にとっては「去年の甲冑競馬は〇〇が勝った」「ここ数年、△△家は何本も御神旗を取っている」などと年がら年中、野馬追の話題が会話に上る、あらゆる物事が野馬追を中心に回っているような町なのである。

市内で飼育されている馬は全部で二一六頭。そのほとんどが農耕用ではなく、野馬追で飼い主が乗るために一般家庭で飼育されている。息子が生まれると名前の一部に「馬」をつける家庭が多いのも、この町の住民が馬をこよなく愛していることの証《あかし》でもあった。

二〇一九年五月に駐在記者としてこの町に赴任した私は、ちょうど二カ月後にかの伝統的な祭りが開かれることもあり、まずはこの馬を通じて自らが暮らすことになった地域を描き出せないかと考えた。

ちょっとしたテーマがあった。

南相馬市内にある福島県立相馬農業高校の馬術部。

原発事故で大きな被害を受けた南相馬市では震災直後、人だけでなく大切な馬も市外に避難させなければならなかった。馬を置き去りにして餓死させてしまった人や、馬がいるために自宅から避難できなかった人もいる。そんな苦難を乗り越えて地域の伝統を受け継ごうと地元の相馬農業で馬術部に入り、インターハイを目指す高校生たちがいる。彼らの青春群像を通じて、南相馬市の「今」を描き出すことはできないか――。

それは私が南相馬市に赴任する一年前から密《ひそ》かに温めていたテーマでもあった。

相馬農業馬術部の取材を始めたのは二〇一八年春。当時の馬術部には実力のある選手が集まっており、「全国制覇も夢ではない」という噂《うわさ》を聞きつけて早速学校に駆けつけた。

取材してみると、確かに当時の相馬農業馬術部には優秀な騎手が揃《そろ》っていた。エースの若狭《わかさ》椎奈は全国でもトップクラスのジョッキーとして知られ、部長の遠藤勇太は気迫みなぎる韋駄天《いだてん》だ。高校馬術の「華」は団体戦で、男女混合で三人一組になって障害の設置されたコースをいかにミスなく早く回れるかを競い合う。二人とチームを組む柿平早也佳《さやか》は幼稚園から乗馬を続ける女性騎手で、漫画「キャプテン翼」に例えれば、心優しい大空翼（若狭）と才気みなぎる日向小次郎（遠藤）がコンビを組み、そこに応援団長の中沢早苗《さなえ》（柿平）が加わっているようなチームだった。

しかし、どんなに乗り手に実力があっても、勝利には結びつかないのが馬術競技の難しさだ。全国制覇が期待されていた相馬農業はその年、インターハイの予選である東北大会で二度も馬が止まってしまい、まさかの予選敗退を喫してしまう。彼らの取材を長く続けていた私は予想外の結果に落胆を隠せなかったが、彼らの敗退を中途半端に記事にするのではなく、もう一年取材を延長した上で、後輩馬術部員たちの奮闘を記事にしようと心に決めていた。

ところが、である。

今年の相馬農業馬術部はどんなに贔屓目《ひいきめ》に見ても、昨年に比べるとどうしても見劣りしてしまう――「おそらくインターハイには進めないだろう」と誰もが口をそろえるような――チームだった。

試合に出場する三騎手のうち女性騎手である三年生の高西久美子と二年生の星幸栄紀《さえき》は南相馬市内にある名門乗馬クラブ「大瀧馬事苑《おおたきばじえん》」で練習を重ね、徐々に実力をつけてきてはいる。

一方で、肝心要の部長を務める三年生の深野聖馬《しょうま》はどこか木訥《ぼくとつ》としていて、かなり口べたな、一見すると馬術よりは化学の実験の方が得意そうなタイプの男子生徒だった。

誰を主人公に据えて物語を展開していくべきか――。

取材に入る前、私はかなり真剣に記事の構想を練った。ビジュアル重視で考えた場合、やはり女性をメーンに据えた方が見栄えのある記事に仕上がるに違いなかった。久美子と幸栄紀は共に美しい少女であり、馬と女子高生であれば、確実に絵になる。幸栄紀は津波で母親を亡くしており、彼女を通じて震災の悲しみを描くこともできそうだった。

でもなぜか、その時の私は部長の聖馬の存在を捨てきれなかった。

きっかけは一年前にさかのぼる。「黄金世代」と呼ばれた先輩たちがまさかの敗退を喫した東北大会の会場で、彼と交わした短い会話が心に引っかかっていた。

「僕んち、家に馬がいるんですよ」

「家に？」

「うん。今度、家に来てもいいですよ」

「本当に？」

「ええ」

そう言うと、聖馬は私を見上げて心から嬉しそうに微笑《ほほえ》んだのだ。僕の家には馬がいる、そんな事実を自慢したくて仕方がない、まるで小学生のような眼差《まなざ》しだった。

6

午前五時半。

南相馬市の田園地帯にある聖馬の自宅に赴くと、周囲は絹のような朝靄《あさもや》に包まれていた。聖馬は眠そうな目をこすりながら玄関で靴を履き、馬小屋へと向かった。飼育している四頭の馬の水とエサを換え、蹄《ひづめ》に詰まった土を取り除き、ブラシで毛並みを整えてやる。二〇分後、一頭の馬の背にヒョイとまたがると、自宅前の田んぼを改造した馬場を約三〇分間、朝日を浴びながら風のように走った。

「調子はどう？」

「まあまあです」

「君の？　馬の？」

「えっと、どっちも」

やはり会話が長続きしない。彼を中心に物語を展開するのはちょっと難しいかもしれないな、と思った矢先、聖馬がふと馬上で自らの過去について話し始めた。

「馬に乗っていると、思い出すことあるんです……」

「ん？」

「小さな頃に乗っていた馬」

「名前は？」

「『ショウマ・スター』。僕の名前がついた馬。震災の年に死んじゃって……」

「そっか」と私は頷《うなず》きながら聖馬を会話に誘《いざな》った。「それから？」

「震災のとき、僕はまだ小学三年生で、お母さんが学校に迎えに来てくれた。翌日、原発が爆発しちゃって、だから仕方なく飼っていた馬を近くの牧草地に放してから家族で福島市の親類宅へと避難したんです。その後、神奈川や千葉と親類の家を転々としたんですが、狭いマンション暮らしにどうしても慣れなくて……一日も早く南相馬に帰りたかった。四月下旬、家に戻ると放し飼いにしていた馬がすごく痩せていて、可愛《かわい》がっていた『ショウマ・スター』が死んじゃった。とても悲しくて……。僕は一人っ子だったから、家の馬は親友って言うか、弟みたいな感じで……」

「そうなんだ」と私は相槌《あいづち》を打ちながら慎重に「取材」を進めた。「相馬農業高校に入ったのはどうして？」

「うちではお父さんも三人の叔父さんも、みんな相馬農業の馬術部なんです。だから……」

「伝統を受け継ぎたいってこと？」と私は少し先走って聞いた。

「いや、そういうんじゃなくて……」と聖馬は戸惑いながら否定した。「何て言えばいいのかな……、お父さんみたいになりたいっていうか……」

えっ、と私は声に出して驚いてしまった。

お父さんみたいになりたい――？

相馬農業馬術部が近年、存続の危機にあることは知っていた。原発事故の避難の影響で多くの住民の生活が避難先に定着してしまい、地元に子どもが戻らない。震災前に約三三〇〇人いた生徒は現在約二六〇〇人。馬術部の入部希望者も減り、今は三年生二人、二年生四人、一年生はたった一人しか入らなかった。私はそんな相馬農業高校の現実と馬術部員たちの奮闘を結びつけて、よくある「被災地の物語」に仕上げられないかと心のどこかで画策していなかったか。

しかし今、目の前の少年から飛び出した素朴な一言は、そんな私の安直なプロット（筋書き）を明確に否定していた。

お父さんみたいになりたい――今、そんなふうに夢を語れる男子高校生が日本にどれだけいるだろう。

私はこの「主人公」に賭けてみようと思った。

原発被災地で存続が危ぶまれる公立高校の馬術部。

そこで部長を務める木訥な男子高校生の、ひと夏の青春に。

7

その日以来、私は全国大会に挑む相馬農業の馬術部員たちを取材するため、学校内にある練習用の馬場や南相馬市内にある乗馬クラブなどを駆け回ることになった。

大瀧馬事苑は、福島県馬術界の重鎮である大瀧康正が一九八五年に開いた名門乗馬クラブだった。五輪選手や国体選手など数々の名騎手を育てた実績があり、そんな「聖地」で練習を重ねる三年生の高西久美子と二年生の星幸栄紀はまるで姉妹のように仲が良かった。

「私が初めて馬に乗ったのは小学二年生のときでした」と一八歳の久美子は私の取材に模範的に答えた。馬に乗ると視線は大人の背の遥《はる》か上。その「高さ」に魅せられて中学から馬術を始めた。馬に話しかけるようなソフトな乗り方で安定感に定評がある。

そんな久美子のしなやかな乗馬を後輩の幸栄紀は食い入るように見つめている。

「私もいつか、あんなふうに乗れるようになりたい」

野馬追が大好きな父に勧められて、幸栄紀は小学四年生のときに初めて馬に乗った。その二年前、東日本大震災の津波で自宅が流され、家で美容室を開業していた母を亡くした。遺体はまだ見つかっていない。そんな母の面影を先輩の久美子に重ね合わせているようにも見えた。

「お父さんには言えないことも、私、久美子先輩になら言える。先輩からは『そんな気持ちで乗馬やるなら、辞めちまえ』って怒られたりもするし。本当にお母さんみたい」

二人は五月の福島県大会でペアを組み、女子団体戦（二人組）で優勝した。幸栄紀は久美子と優勝できたことが何より嬉しい。

「二人ともまだまだだけれど、ちょっと安定感が出てきたな」

馬を走らせる二人に厳しい視線を送りながら、指導にあたる大瀧康正が私に言う。

「油断しちゃいかんが、このまま試合に臨めれば、面白いんじゃないかな」

彼もまた被災者だった。震災直前の二月一一日は馬術で大学王者になった息子の結婚式だった。原発事故後は栃木県の乗馬クラブなどに馬を預かってもらい、自身も栃木の親類の家に避難した。五月末に馬と共に南相馬市に戻ったが、肝心のエサがない。宮城県内の同業者がなんとか確保してくれたが、馬事苑を継ぐはずだった息子は茨城県内に家を構え、結局家族はバラバラになった。

「そりゃ原発を恨んだよ。当時は野馬追も十分にできなかったし、浪江町《なみえまち》や（南相馬市）小高区の人はまだ家に帰れなかった。そういう意味では子どもたちは希望です。地域の文化をつないでいく、希望――」

そんな周囲の期待をよそ目に、二人の女子高生たちは厩舎《きゆうしや》で馬を洗いながら先日出会ったイケメンの話に夢中だ。

「ウッソー、それ、やばくない――？」

全国大会へとつながる東北大会まであと一週間。私が試合への意気込みを聞くと、二人は「大丈夫ですよ」と口を尖《とが》らせて言った。

「見ててください。私たち、絶対勝ち抜きますから！」

8

翌日は馬術部でコーチを務める西勝正の自宅にお邪魔した。呼び鈴を鳴らして玄関を抜けると、薄暗い民家の奥座敷に竜の飾りのついた甲冑が六体並んでおり、その前に古老がデンと腰掛けていた。

西護《まもる》、御年《おんとし》八五歳。

コーチの西勝正の父であり、一五歳の夏に農耕馬にまたがって野馬追に参加して以来、約七〇年間祭りに出場し続けている「名物じいさん」として知られていた。野馬追で身につける甲冑や小物を手作りする、今では希少な装具職人でもある。

ある逸話が残っている。八年前の震災時、約三〇キロ南にある福島第一原発が爆発したと聞いても、護は周囲の説得には一切耳を貸さず、独り自宅に居残った。

「馬がいるからさ」と護は歯のない口から唾を飛ばした。「俺は放射能なんて怖くねえ。避難なんてしたって、馬に水をやったり餌食わせたり、そんなことが気にかかるからな」

その傍らで、孫の西駿斗《はやと》は「爺《じい》ちゃんはいつもこうなんで」と少し困った表情をした。茶髪でオシャレな今風の青年だ。昨年秋、父の勝正が地元の競馬大会で落馬し、ケガで指導を続けられなくなったため、東京の大学を辞めて故郷に戻り、馬術部の指導を手伝っているという。

「でも本当のことを言うとですね」と駿斗は私に向かって恥ずかしそうに打ち明けた。「僕、帰ってきたかったんです、この南相馬に。正直、子どもの頃は野馬追になんて興味なかった。なんだか『やらされている』って感じで。でも、東京で一人暮らしをしてみてわかったんです。僕は馬がいないと生きていけない、根っからの『相馬の人間』なんだって。野馬追を中心にして生活や人生が回っているようで」

雑談の後、私はコーチの勝正に今回の東北大会の見通しを聞いてみた。

「去年に比べると、今年は若干力が落ちるのではないかという声を聞きますが」と私が尋ねると、ベテランのコーチは「いやいや」と頭を大きく左右に振った。

「そんなことはありません。すべては『人馬一体』になれるかどうか。勝負はそこで決まります。その点においては去年も今年もそれほど力量に差はありません」

「人馬一体、ですか？」

「そう、人馬一体」と勝正は頷きながら力強く言った。「馬は人間を見ていますからね。人の気持ちが馬にも伝わるんです。悪いことをしたら叱り、良いことをやったら褒めてやる。そうやって双方の信頼関係をどこまで高められるか」

「勝てますか？」と私は単刀直入に尋ねてみた。

「わかりません」と勝正は笑った。「馬術は人ではなく、馬が戦う競技です。何が起こるかわからない。だからこそ、面白いんじゃないですか」

9

全国大会への出場をかけた東北大会は六月八日、福島市の福島競馬場で開催された。前夜、相馬農業の馬術部員たちは厩舎で入念な作戦会議を開いた。

出場校は全部で六校。上位三校が全国大会に進む。まずは三校ずつに分かれてリーグ戦を戦い、一位は全国大会へ。二位なら残り一枠を三位決定戦で争う。相馬農業の対戦相手は前回優勝の青森県立三本木《さんぼんぎ》農業高校と地元の強豪・福島東稜《とうりょう》高校だった。

「相手が随分と強いから、しっかりと乗り手を選ばないと勝ち抜けないぞ」

コーチの西勝正が部員たちを見渡して厳しい表情で言った。団体戦は男女混合の三人一組で戦い、三人の騎手たちは出場校などが持ち寄ったそれぞれ異なる三頭の馬に乗る。気性の荒い馬、力の強い馬、臆病な馬。誰がどの馬に乗って競技するのかが勝敗を大きく左右する。

話し合いの結果、最終的に乗り手を決めたのは、部員と馬の相性をよく知る、昨年度のエース・若狭椎奈だった。各大学の馬術部からのスカウトを蹴って「故郷で馬に携わりたい」と地元の企業に就職し、今大会では後輩の応援に駆けつけていた。

「雨で馬が（障害を）跳びづらくなる。日頃乗り慣れている（相馬農業の）『琥珀《こはく》』に聖馬、素直な『マンボ』に幸栄紀、最も荒れそうな『ジェット』に久美子で行こう」

大会当日は大雨になった。競技開始の直前には雨脚がさらに強まり、馬場は田植え前の田んぼのようにぬかるんでいた。

馬術は減点競技だ。馬が障害のバーを一つ落とすと減点四。落馬したり、二度障害を跳《と》ぶのを止《や》めたりすると「失権」となり、跳ばずに残った障害がすべて減点に加算されてしまう。

降りしきる雨の中、各校の選手たちはぬかるんだ馬場に果敢に挑んでいった。馬が泥に脚を取られて障害のバーが落下するたびに、観客席から悲鳴が上がる。コース途中で馬が止まり、失権となって泣きながら帰ってくる選手もいる。

私はコースの外で傘を差しながら、最悪のコンディションに天を呪った。

せめて小雨であれば――。

そう思った瞬間、私は自分が完全に間違っていることに気づいた。

違う。人間が決して支配できない大地や風雨や馬を操り、障害を跳び越え、ゴールを目指す。それこそがきっと、この馬術という競技の醍醐味《だいごみ》なのだ。

ならば、強い、と私は思った。八年前に強大な自然の前に立ち直れないほど打ちのめされた、相馬地方で学ぶ彼らであれば、その自然がもたらす不条理に立ち向かう術《すべ》を知っている。

逆らわぬことだ。抗《あらが》わぬことだ。人は決して自然に勝てない。ならば、それらを味方につけるのだ。ベテランのコーチが発した「人馬一体」。それはつまり自然と己を一つにするという意味ではなかったか――。

ぬかるんだ馬場の状態に対戦相手が苦しむ中、一番手の聖馬は乗り慣れた愛馬を慎重に操り、障害の一つ落下（減点四）と制限時間超過（減点二）の減点六で乗り切った。二番手はエースの久美子。気性の荒い馬をうまく乗りこなし、障害を一つ落としただけの減点四。三番手の幸栄紀にバトンをつないだ。

二番手が終わったときの総減点は、相馬農業一〇、三本木農業四、福島東稜一二。ところが、三番手最初の三本木農業の選手が不調で減点一六を記録したため、幸栄紀が減点一〇以内で乗り切れば、相馬農業は二位以上が確定することになった。

馬上で状況を聞かされた幸栄紀は両目をキッとつり上げ、手綱を握った。

いざ、勝負――。

部員たちの期待を一身に受けながら、津波で母を失った少女が大きな馬に乗って泥だらけのコースに飛び出していく。

最初の障害に立ち向かう。

馬の蹄がバーにわずかに触れ、揺れる。

「落ちるな」

コース外で仲間たちが両手を握りしめて叫ぶ。あと一つ、あと一つ。幸栄紀は無心の表情で障害を跳び越え、最終的に一つ落下しただけの減点四で競技を終えた。

一方、福島東稜の三番手の選手はコースの最後に障害を落下させ、制限時間超過も加わって減点六に。結果は、相馬農業・減点一四、福島東稜・同一八、三本木農業・同二〇。

「相馬農業がリーグ一位で全国大会出場です――」

場内アナウンスを受けて、幸栄紀は馬上で満面の笑みを見せながら、かぶっていたヘルメットのつばをクイと持ち上げた。

10

七月二四日、高校馬術部員たちの憧れである第五三回全日本高等学校馬術競技大会は静岡県御殿場《ごてんば》市で開かれた。東北地方の二位代表として出場した相馬農業は三校による初戦リーグを一位で勝ち抜いたものの、二次リーグ戦で惜しくも敗れ、ベスト一二の結果に終わった。上位入賞は叶《かな》わなかったものの、全国の強豪校との実力の差を考えれば、それでも大健闘だった。

取材者の私にとっても収穫の大きい大会だった。全国大会では東北大会にはない、ある試みが主催者側によって企画されていたからだ。

全国大会では出場選手たちが競技をしている間、観客席に詰めかけている乗馬ファンに向けて、競技中の騎手の略歴や夢などをプロのアナウンサーが読み上げるのである。

首都圏のある有名私立高校の場合、多くの馬術部員たち（彼女らのほとんどが英語科だった）には海外での在住経験があるのだろう、アナウンスでは「夢は外交官です」「国際弁護士になるのが目標だそうです」と読み上げられていた。

一方、相馬農業の馬術部員たちの夢は――。

全国大会の翌々日は南相馬市の伝統行事「相馬野馬追」の開催日だった。私は馬術部員らと一緒に御殿場市からとんぼ返りすると、超望遠レンズをつけた一眼レフを持って会場へと向かった。

午前三時半。馬術部の部長・深野聖馬の自宅では父子が甲冑を身にまとい、「出陣」の準備に忙しかった。聖馬の父・高広の職業は馬の蹄に蹄鉄《ていてつ》を打つ「装蹄師」。高広には今年、どうしても叶えたい夢があった。

「学校を卒業する前に、息子に御神旗を取らせたい」

数百人の甲冑武者たちが愛馬にまたがり、花火で打ち上げた御神旗を馬上で奪い合う「神旗争奪戦」。打ち上げられる御神旗は全部で四〇本。御神旗をつかんだ者だけが直後、総大将が待つ本陣山を駆け上がることを許され、その花道で大勢の観光客や地元住民から喝采を浴びることが地域の最高の栄誉とされてきた。しかし、息子の聖馬にはまだその経験がない。

午後一時、会場に無数のほら貝の音が響き、神旗争奪戦が始まった。

花火と共に二本ずつ御神旗が上空へと打ち上げられ、風に吹かれてゆらゆらと舞い降りてくる。落下地点を目掛け、数百の馬群が殺到する。馬のいななき。男たちの罵声。観客席からの大声援。

そのときだった。黒色のサラブレッドに乗った男が馬群からサッと抜け出た。背負う旗印は、深野家の紋章である水色に白抜きの「五輪塔」。

「高広さんだ」と私は思わず叫んだ。手にはしっかりと青色の御神旗が握られている。と、その瞬間、予想もしえなかった出来事が起きた。高広は自ら名誉の本陣山に駆け上がるのではなく、息子の聖馬に駆け寄ると、つかみ取った御神旗を手渡し、大声でこう叫んだのだ。

「上がれ、上がれ――」

聖馬は戸惑いながら父から御神旗を受け取ると、直後、満面の笑みへとその表情を変え、数千人の観客が両側を埋める本陣山の花道を巧みな馬さばきで駆け上がった。

「行け、聖馬――」

群衆の中を抜けていく「主人公」の背中を、父はずっと馬上で見守り続けていた。

「まいったな」と私は馬場を吹き抜けていく砂塵の中で一人打ちのめされていた。「こんなクライマックス、ちょっと想像できなかったぜ」と。

大きなほら貝が何度も吹かれ、相馬地方の夏が終わった。

一方で、馬術部員たちの「夢」は続く。部長の聖馬は卒業後、父と同じく装蹄師になる予定だ。三年生の久美子は来春から地元で介護スタッフとして働く。二年生の幸栄紀の夢は亡くなった母と同じく美容師になること。

でもあと一年、馬術部の青春が残っている。

第三章

「アトム打線」と呼ばれて

11

その夏、私は初めて高校野球の取材を担当した。

私が所属する朝日新聞社では毎年、高校球児の頂点を決める夏の全国高校野球選手権大会（甲子園大会）を主催している。例年、入社間もない駆け出しの記者がその予選となる地方大会の取材を担当し、優勝した代表校に同行して甲子園大会の観戦記事を書くことが社内的な伝統だった。夏の大会は負ければそこですべてが終わる。全力で白球を追う球児たちのさわやかな姿を間近で取材できることは、年齢の近い若い記者にとっては胸躍るとまでは言えなくとも、やはり楽しいものなのだろう。とかくハードなサツ回り（警察担当）の日々を終え、取材のイロハをたたき込まれた新人記者たちは、高校野球の取材で野球のルールやスコアブックの書き方を学び、初めて連載記事を手掛けたり、地方大会の取材責任者になったりして、一人前の職業記者へと成長していく。それは同時に、新人記者に「大量に」「正確に」「時間内に」原稿を書かせることで、日頃地方版の制作を担っている中堅・ベテラン記者たちに夏季休暇を取らせるといった、新聞社の労務管理的な利点も兼ね備えていた。

約二〇年前に私が入社した頃も、やはりほとんどの同期が新人時代に高校野球の取材を担当していた。でもなぜか、私にはそのチャンスがまったく回ってこなかった。配属された仙台総局には同期が三人もいたことが理由の一つだったと考えられるが、宮城県は仙台育英や東北高校などの強豪校がひしめく野球県であり、例年、夏の甲子園大会だけでなく、春の選抜大会にも出場する(つまり年に二回も甲子園で高校野球を取材するチャンスがある)。にもかかわらず、私は上司に嫌われていたのか(その可能性は十二分にある)、将来性にあまり期待が持てなかったのか(それは現在の私が証明している)、高校野球を担当するのはいつも私以外の二人の同期で、私は一度も高校野球を取材することなく新人時代を終えてしまった。

そんな私が急遽《きゅうきょ》、高校野球の福島大会の取材を任されることになったのは、遅咲きにしてようやく成長の芽が出てきたというのではもちろんなく、ひとえに新聞社の経営が悪化し、昔のようには地方総局に新人記者を配置できなくなり、人手が圧倒的に足りなくなったことが理由だった。メーンの担当者は例年通り入社三年目の若手が担うことになっていたので、私は他のベテラン記者に交じり、試合数の少ない福島県南部の白河《しらかわ》グリーンスタジアムで初めての野球取材を担当することになった。

しかし――というよりはやはり――実際に球場で試合を取材しようという段階にな

って大きな障壁が立ちはだかった。新人時代に野球取材の経験をまったく積んでこなかった私には、野球取材の基礎となるスコアシートがまったく読めない。地図を判読できない郵便配達員が現場ではあまり役に立たないように、グラウンドで選手がどのように動いたのかを事後に確認することができない私には、通常の新聞に掲載されるような多数のデータを用いた観戦記事が書けないのである。

結果、私が球場でできたことと言えば、業界内で「スタンド雑観」と呼ばれる、選手のプレーではなく、スタンドに応援に駆けつけている観客に焦点をあてた記事を書くことぐらいだった。

私は毎朝、球場に到着すると真っ先にスケッチブックを持って応援スタンドに上がり、応援の準備を始めている観客一人ひとりに選手への応援メッセージを書いてもらうと、「なぜ彼らを応援するのか」という根源的な問いを尋ねて回った。

実に様々な人たちがいた。野球部員の保護者、ピッチャーの恋人、暇つぶしの老人、ベンチに入れなかった下級生、元教師、かつてのマネジャー、甲子園に憧れる小学生、新聞の販売員、応援団、チアガール、芸能スカウト、連敗続きのボクサー、ギャンブラー、写真家、ジャーナリスト志望の大学院生……。

そんな「スタンド雑観」の取材を続けていて、ふと気づかされたことがある。

グラウンドで実際にプレーをしている球児たちよりも、スタンドで必死に声を張り上げて応援している彼らの方が、人間的には遥かに面白いのである。

考えてみれば、当たり前のことなのかもしれない。わずか一八年弱の人生の大半を野球と遊びと勉強にしか費やしてこなかった男子高校生に比べ、スタンドで彼らに必死に声援を送る人々の多くは長い人生の間にいくつもの挫折《ざせつ》を味わい、離婚の危機を乗り越え、あるいは離婚し、多額のローンや借金を背負いながら年老いた両親の介護を続けざるを得ないといった、リアルでヘビーな日常を日々懸命に生き抜いているのだ。

沿岸部の公立高校に息子を通わせている、普段は魚市場で鮮魚を売っていると語った母親は、私の取材に涙ながらにこう振り返った。

「うちの漁協では八年前の津波で一〇〇人が亡くなりました。当時小学校二年生だった息子はショックで言葉が出なくなり、しばらくは食事も満足に取れなかった。そんな息子を救ってくれたのが野球でした。地域のスポーツ少年団の監督が『野球をやってみないか』と避難所から息子を外へと連れ出してくれた。あれから八年。息子は今、見違えるように大きくなって、あんなに強そうな相手高校のバッターとピッチャーズマウンドで向き合っている……」

一方、ミニスカートでボンボンを持った強豪校のチアリーダーたちは極めて現実的な悩みを私の取材に打ち明けた。

「これ、あまり言いたくないんですけど、チア部って全然モテないんですよ」

「えっ、そうなの？」

「常識です」とチア部の部長は唇を尖らせて言った。「チアって完全な体育会系なんですよ。筋トレとかで筋肉ムキムキになっちゃうし。もう、女子としてどうかって感じ。うちは二二人も部員がいるけど、男子と付き合っているのは七人しかいません……」

そんなとにもかくにもリアルな「スタンド雑観」の中で一度だけ、私が思わずメモを取る手を止めてしまった瞬間があった。

それは二〇一五年に開校したばかりの「県立ふたば未来学園高校」の試合中での出来事だった。東京電力福島第一原発の事故後、多くが帰還困難区域になった双葉《ふたば》郡内の五つの公立高校を休校・統合する形で設置されたその新設校に通う野球部員の父親は、私の取材に自らが双葉高校の野球部員だった経歴を打ち明けた。

「双葉高校の……」

「ええ、そうです」と父親は誇らしげに言った。「甲子園に三度出場した、伝統ある双葉高校の野球部員でした」

12

双葉高校野球部。

福島県内でその名を知らない高校野球ファンはいない。浜通りの公立進学校として一九七三年、一九八〇年、一九九四年と計三回も夏の甲子園への出場を果たしながら、原発事故で学校が帰還困難区域になったため、廃部へと追い込まれた悲運の野球部である。

《アトム打線――》

それが一九七三年に甲子園に初出場した際、双葉高校野球部につけられたキャッチフレーズだった。平均身長一六八センチと小柄なものの、一度打線に火がつくと止まらない。名称はもちろん、町内に立地している東京電力福島第一原発に由来していた。

「アトム」あるいは「原子力」。

それらは当時、福島県沿岸部にとって決してネガティブなイメージではなく、むしろ豊かな未来を連想させる、極めてポジティブなネーミングだった。甲子園への出場を果たした地元の野球部だけでなく、福島第一原発が立地する大熊町や双葉町ではかつて、「アトム」や「原子力」の名がついた商店や商品がブームとなって町中にあふれていた。

「アトム観光」「アトム寿司《ずし》」「原子力運送」……。

その一つである「原子力最中《もなか》」の回顧記事を同僚記者の杉村和将が二〇一九年一月の朝日新聞福島版に書いている。

東京電力福島第一原発が立地する大熊町に、「原子力最中」という菓子があった。

（中略）最初に聞いたとき、強いインパクトがあった。食品に「原子力」の名があることへの違和感。いったい、どんな菓子だったのか。

最中を作っていた「佐藤菓子店」の夫婦を訪ねた。店主の佐藤卓《たかし》さん（83）と妻のノリ子さん（79）。原発事故の後、大熊町を離れ、今はいわき市で暮らしている。

最中の始まりは、第一原発1号機が営業運転を始めた1971年ごろのことだった。

「当時の所長さんが店に来たとき、何か原発のおみやげになりそうなお菓子がないかいって言われて」

ちょうど新商品を出したいと思案していた矢先のこと。原発所長の一言で原子力最中が誕生したという。

（中略）原発のおみやげなのだから、原子力最中。名前はすぐ決まった。

最中の表裏には、原子炉建屋をデザイン。あんこは北海道産で「粒」と「こし」を混ぜ合わせた。たっぷりの砂糖と水飴《みずあめ》、蜂蜜《はちみつ》を入れ、「どんな最中よりも甘くした」。隠し味でちょっぴり塩も。

販売を始めるとよく売れた。客の多くは原発を視察に来る県外の人たち。「つくるのが間に合わねえぐらいだった」


（「朝日新聞」福島版、二〇一九年一月四日）

白河グリーンスタジアムのスタンドで双葉高校野球部のＯＢだった父親の話を聞きながら、私は「会ってみたい」と強く思った。

かつて「アトム打線」と呼ばれた、伝説の双葉高校野球部ナインに――。

13

ユニホームからわずかに加齢臭がした。緑の野球帽にはイニシャルの「Ｆ」。胸には「ＦＵＴＡＢＡ」の母校名。靴下には三本のストライプが入っている。

八月上旬、福島県郡山《こおりやま》市の開成山《かいせいざん》球場。開催されていた「マスターズ甲子園」の福島県予選に、彼らは「双葉高校野球部ＯＢチーム」として出場していた。

試合前、ＯＢチームの監督を務める松本伸哉が取材に応じた。福島県広野町《ひろのまち》出身の六三歳。背番号「４」。双葉高校野球部が甲子園に初出場したチームの主将を務め、当時はセカンドを守っていたという。

「弱いチームでね」と松本は時折苦笑いしながら当時を振り返ってくれた。「練習試合でも負けてばかりで、まさか甲子園に行けるなんて夢にも思っていませんでした。ただ夢中で試合を戦っているうちにスルスルと勝ち上がってしまって、気がついたら優勝。もちろん、甲子園では試合になりませんでした。相手はその年の優勝校の広島商業で一二対〇の完敗。でも、どこと対戦しても負けていたと思いますね。実力が違いすぎていたし……、何より我々は試合をする前から疲れ切っていたんです。三年生が七人しかいなくて、投手も一人が全試合投げ抜くような田舎チームでしたから、福島大会ではオーバースローだった投手が、甲子園では肩が上がらずサイドスローになっていた」

私は柔らかな雰囲気の中で若干センシティブな質問をした。

「当時、『アトム打線』と呼ばれたことについて、どのように感じていましたか」

「とても誇らしかったですよ」と松本は笑顔の表情を変えることなく言った。「原発で事故が起こるなんて当時は誰も思いませんでしたからね。『アトム打線』の名に恥じぬよう、全力で甲子園を戦ったんです」

短い小休止を挟んだ後、私は彼がその後辿《たど》った人生について質問を続けた。

「正直に言うと、私自身は野球があまり好きではありませんでした」と松本は言った。

「高校卒業と同時に野球をやめ、その後はデザインの専門学校に通って福島県いわき市でデザイン関係の仕事をしていました。四〇代後半になって甲子園に出場した時の監督から『母校で監督をやってみないか』と誘われ、そんなで双葉高校の監督を三年半ほど務めたことがあります」

「監督時代の実績は？」

「ベスト四が最高。双葉高校は伝統ある強豪校ですので、四度目の甲子園出場を果たせなかったことがちょっと残念でした……」

　松本が双葉高校野球部のＯＢチームを結成したのは、東日本大震災から五年目を迎えた冬だった。その年の春には「ふたば未来学園高校」が開校し、帰還困難区域にある母校の休校が――あるいは事実上の廃校が――現実としてＯＢたちに突きつけられていた時期でもあった。

「新聞がつまらないんですよ」と松本は私に言った。

　高校球児たちがすべてを賭けて戦う夏。母校の活躍を新聞で読むことが野球部ＯＢの至福の時だ。どんな投手がいるのか。主砲は、打線は、監督は。いつ強豪校とあたるのか。その際にはぜひとも応援に駆けつけたい。そんなささやかな楽しみを母校・双葉高校の野球部ＯＢたちはもう二度と味わうことができない。

「とりあえず、『ＦＵＴＡＢＡ』の名前をつなごうじゃないか」

　松本がかつて甲子園を共に戦った同級生たちに呼びかけたのは二〇一五年の年末だった。

「一緒に『マスターズ甲子園』を目指してみないか」

　一〇代から六〇代までのＯＢ約六〇人が集まった。月に数回、首都圏などから福島県内の球場に通い、練習する日々が始まった。

「少し聞きにくいことなのですが」と取材の最後に私は尋ねた。「ＯＢチームの中でも、原発事故や避難生活のことについて会話を交わしたりすることがあるのでしょうか」

「いや、ありませんね」と松本は少し困ったような表情で首を振った。「それぞれいろいろな事情を抱えていますから……。加害者の立場の人もいれば、被害者の立場の人もいる。自宅が帰還困難区域にあり、今も帰れない人もいる。まあ、そこら辺は暗黙の了解です。私たちはね、ただ野球がやりたいだけなのです……」

14

双葉高校野球部のOB会の会長を務める渡辺広綱には後日、福島市内で話を聞くことができた。松本と同じく甲子園に初出場した一九七三年のチームのメンバーで、当時はセンターを守っていたという。

交わした名刺には次のような肩書が記されていた。

〈環境省△△△事務所・中間貯蔵部用地補償課〉

「大阪は暑くてね。我々はもうそれだけで『負け』ていました」と渡辺も心から嬉しそうに甲子園の思い出を語ってくれた。「甲子園には一〇日前に入ったのですが、なにしろ暑くて暑くて。余計に疲れるからクーラーをつけるなと言われていたのですが、夜眠れないでしょう？　水ばかり飲むので食欲が失われ、宿舎でステーキやすき焼きが出されるのですが、まるで食えずに皆ゲッソリと痩せてしまって……」

私が笑うと渡辺も大笑いしながらこんな裏話を披露してくれた。

「我々にはね、負けた選手たちが試合後に泣きながら甲子園の砂を集める、あのシーンがないんですよ。八点差がついたときにもう、ベンチの後輩が気を利かせて全員分の砂をスパイクシューズに入れてしまっていたんです。試合に負けてみんなで砂を集めようとしたら、そいつが『全員分の砂、もう入れておきました！』って。『馬鹿やろう、気を利かせすぎだ』ってみんなで怒ってね。そいつは今、東京の会社でしっかりと出世して社長をやっていますけれど……」

「その砂、今でも持っていますか？」

「いや、実はもうないんです」と渡辺は少しがっかりした表情になって言った。福島県浪江町の実家が震災後に空き巣の被害に遭い、ネットで高く売れると思ったのだろうか、他人にとってどれだけの価値があるのかわからない、甲子園の砂も持ち去られてしまったのだという。

「甲子園の出場が決まるまでの福島大会で、記憶に残っている試合はありますか」と私は話の時間軸を少し引き戻して質問を続けた。

「もちろん、今でも鮮明に覚えている瞬間があるよ」と彼は嬉しそうに話を続けた。

「あれは、甲子園への出場を決めた福島大会の決勝戦だ。対戦相手の学法石川の打球が二塁の後方にフラフラと上がってね。セカンドは守備の名手と謳《うた》われた松本だ。彼が守る一二塁間は『まるで網が張られているようだ』と言われていたから、松本なら捕れるかなと思ったんだけれど、打球がちょっと伸びたんで、私が頭から突っ込んだんだ。思い切り手を伸ばしたら、運良くボールがグラブに入ったのだけど、直後に地面に叩《たた》きつけられてボールがグラブから飛び出しそうになってね、慌てて右手で押さえつけたんだ。『アウトー!』って審判が叫ぶ声が聞こえてね。『やったー』と思った。松本が笑顔で『ナイスキャッチ』って言ってくれてね」

最高の瞬間ですね、と私が言うと、渡辺も心から嬉しそうに頷いた。

「でも、ちょっと意外ですね」と私は軽い気持ちで会話を続けた。「松本さんは私の取材に『野球があまり好きじゃなかった』って言っていました」

「えっ、松本が?」と渡辺はびっくりした表情で私に聞いた。「野球が好きじゃない、と?」

「ええ、確かにそう言っていましたけど……」

「そんな馬鹿なこと」と渡辺は大笑いしながら私に言った。「あれほど野球好きな人間を私は知らんよ。松本が今どんな仕事をしているか、知ってるかい? 福島県内の汚染土を保管する中間貯蔵施設の出入り口に立って、敷地内に出入りする車の放射能量のチェックをする仕事だ。とても大変な仕事だよ。そして毎週末、いわき市内のグラウンドに出向いて、小学校低学年の子どもたちに野球を教えている。一緒にバットを持って振り方を教えたり、キャッチボールをしたり。彼はね――つまりそういう男なんだよ」

取材の最後に、私は渡辺についてずっと気になっていたことを――つまり、なぜ今、彼が環境省の名刺を持っているのかということを――尋ねた。

中間貯蔵部用地補償課――。

福島県内では福島第一原発の事故により約一四〇〇万立方メートルもの放射性物質を含んだ大量の汚染土が生まれた。国は福島県内の復興を進めるため、大熊町と双葉町の隣接地に中間貯蔵施設を建設し、それらの汚染土を「一時的に」保管する計画を打ち出した。中間貯蔵部用地補償課。そこは中間貯蔵施設の用地取得の交渉を担う、私が知る限り環境省でも最もきつい部署の一つであるはずだった。

渡辺は私の質問に自らの半生を振り返った。

高校で野球をやめた松本とは対照的に、渡辺は大学進学後も野球を続け、地区リーグの首位打者にもなった。その後、就職先に選んだのが、地元で原発の工事や管理を請け負う東京電力の子会社だった。放射線管理の責任者として三〇年以上、福島第一原発や福島第二原発で働いた。

あの日、渡辺は福島第二原発にいた。高台から津波を目撃し、非常用電源を失った原子炉に外部から電気を送り込む作業に徹夜で従事した。数日後、大型トラックに発電機を積んでかつての勤務先である福島第一原発へと応援に向かった。通い慣れたはずの職場が水素爆発で激しく損壊しているのを目の当《ま》たりにした瞬間、目から自然と涙があふれた。

約半年間、いわき市内の旅館で寝泊まりしながら不眠不休で第二原発の復旧にあたった。復旧作業が一段落すると、待っていたのは除染の仕事だった。上司と対立して会社を辞め、環境省の職員公募に応じた。

「今は中間貯蔵施設の用地交渉の仕事をしています」と渡辺は言った。

「辛くないですか？」

「毎日のようにね、『馬鹿野郎』って怒鳴られています」と渡辺は声低く言った。「私も地元ですからね、当然、地権者の気持ちもわかるし、故郷がなくなるわけですからね。毎日毎日、怒られながらやっています……」

「甲子園で『アトム打線』と呼ばれたことについて、今はどんなふうに考えていますか」

私は最悪のタイミングで準備してきた質問を聞かざるを得なかった。

「私自身はまったく後悔はしていません」と渡辺は慎重に言葉を選びながら、自分に言い聞かせるように言った。「原発が事故であんなふうになってしまったのは本当に残念です。ですが、私自身は東京電力にお世話になりましたし、それで飯を食ってきた。でも……」

「でも？」

「双葉高校野球部のOB会長としてはね、やっぱり母校が休校になり、後輩たちが野球をすることができなくなった。そのことについては本当に申し訳なく思っています。できれば、あのユニホームを着てもう一度、後輩たちを甲子園に送り出してやりたかった……」

「よっしゃ、行くぞ！」

マスターズ甲子園の県予選が開かれている開成山球場のグラウンドに、伝統のユニホームをまとった中年の男たちが飛び出していく。松本や渡辺にとってそこは甲子園の出場を決めた思い出の球場。背番号「4」の松本の背後で「8」をつけた渡辺が笑う。

一九七三年夏の福島大会決勝戦。満員の観客席からは大声援が送られ、地元の漁師らが持ち込んできた大漁旗が何本も振られた。優勝が決まった瞬間、人口約七〇〇〇人の双葉町内は大騒ぎとなり、その日のうちに凱旋《がいせん》パレードが催された。

二〇一九年夏。元球児たちは様々な人生を歩み、再びこの球場に戻ってきた。

観客席には誰一人いない。私は日焼けしたプラスチック製のイスに腰掛け、この場所から彼らの「スタンド雑観」を描こうと思った。

プレイボール――。審判の声が響く。

あの時はなんとしてでも勝って、甲子園に出場したかった。

でも今は違う。男たちの夢はただ一つ。

いつの日か、この「ＦＵＴＡＢＡ」のユニホームを後輩たちに譲り渡したい――そんな思いを抱えながら、中年の男たちがダイヤモンドの守備位置についた。

第四章

鈴木新聞舗の冬

15

二〇一九年秋、私が暮らす福島県南相馬市の南隣にある浪江町の公立学校で小さな運動会が開かれた。東京電力福島第一原発の約八キロ北にある「浪江町立なみえ創成小・中学校」。二〇一八年春の開校以来、小学生一五人、中学生二人、こども園の園児一〇人が通っている。

秋晴れの下、放射性物質が舞い散らないよう人工芝が敷き詰められた校庭には多くの地域住民やボランティアなどが詰めかけた。浪江町では二〇一七年春に避難指示が一部で解除されたものの、町内で授業を再開できたのはこの「なみえ創成小・中学校」だけであり、通っている児童生徒の数は住民登録している子どもたちのわずか二％にも満たない。校庭に集まった大人たちはそんな厳しい環境で学校生活を送らなければいけない子どもたちを励ますように、一緒に徒競走をしたり、玉入れに参加したりして、競技が終わるたびに大きな拍手を送った。私も手が痛くなるほど両手を叩いた。そうすることでしか、この地に忍び込んでくる不条理を追い払うことができないように感じられた。

福島県が東日本大震災後の新たな津波の浸水想定区域を公表したのは半年前の二〇一九年三月だった。新想定によると一〇〇〇年に一度の大地震が起きた場合、福島県では東日本大震災の一・三倍、一万四二九六ヘクタールもの土地が浸水するという。記者会見の会場で配布された浸水想定区域の地図を見たとき、私は心臓が止まりそうになった。発表された浸水想定区域内に開校したばかりの「なみえ創成小・中学校」が含まれていたからである。

私は東日本大震災の直後、津波で壊滅的な被害を受けた宮城県南三陸町《みなみさんりくちょう》などの沿岸部に入り、無数の遺体を目撃した。泥に顔を埋《うず》めている三つ編みの少女、自転車にまたがったままの野球帽の少年、木の枝を必死に握りしめたままの私と同世代の三〇代の男性を見た。

津波が押し寄せる場所に学校や病院を造ってはいけない。それは私たちがあの大災害から学んだ数少ない――かつ絶対的な――津波の教訓であるはずだった。

しかし、震災からまだ八年しか経っていない今、浪江町内に新たに開設された公立小中学校が津波の浸水想定区域内に含まれてしまっている。

「なぜですか？」

私は真っ先に挙手をして福島県の担当者に質問した。担当者は「浸水想定区域図の作成には相応の時間がかかった」「学校建設の判断は市町村レベルで行われており、県としては個別の事案には答えられない」と言葉を濁すだけだった。

「県の想定がもっと早く公表されていれば、別の場所に学校を建設するという選択肢もあったのではないですか」

私がそう質《ただ》すと県の担当者たちは一様に押し黙り、しばらくして会見は終わった。

終了後、会見に出席していた同業他社の一人が私に歩み寄って来て言った。

「浪江町の新しい小中学校が浸水想定区域に含まれているってよくわかりましたね？　県の発表資料では地図が小さく、学校の場所も明記されていないのに」

私は小さく笑っただけでその質問には答えなかった。

わからないはずなどない。

私は約半年間、その地域を新聞配達で回っていたのだ。

16

私が浪江町で新聞配達を始めたのは二〇一七年秋、浪江町に出されていた避難指示が一部で解除されてからようやく半年が過ぎようとしていた頃だった。

その秋、三年間のアフリカ勤務を終えて福島総局へと配属された私は、転勤後いつもそうしているように地域で最大の蔵書を誇る公立図書館へと足を運んだ。陳列された膨大な書籍の背表紙を前に、今後自分が担当するだろう地域の歴史や風習を頭に入れたり、取り組むべきテーマについてあれこれ夢想したりする。それが私の職業記者としての習慣であり、愉《たの》しみの一つでもあった。

ところが、実際に足を運んでみると、福島県立図書館は私の胸に絶望しか残さなかった。

常設の「東日本大震災福島県復興ライブラリー」。その広大な棚をずらりと埋めていたのは、東日本大震災をテーマにした無数の震災本・原発本だった。

その数、約一万冊。原発事故の詳細はもちろん、放射線医療も、核化学も、原子力行政も、被災地での教育も、地域文化の継承も、賠償をめぐる裁判の経過も、原発事故に関するありとあらゆる物事はすでにすべてが取材・記録され、そこにはもう私が入り込んでいく隙間は一ミリも残されていないように思われた。

私はひどく落胆し、数週間、仕事がまったく手につかなくなってしまった。

そんな苦境に一筋の光を当ててくれたのは、福島県二本松《にほんまつ》市の仮設住宅で暮らす浪江町出身の女性だった。私が仮設住宅を目的もなくフラフラと歩いていると、通路で立ち話をしていた女性がこんな話を聞かせてくれた。

避難指示が解除されたばかりの浪江町で今、たった一人で新聞配達を続けている青年がいる。

鈴木裕次郎、三四歳。

浪江町で約八〇年の歴史を持つ、老舗《しにせ》の新聞販売店「鈴木新聞舗」の三代目らしかった。配達部数は八五部。一見少なく聞こえるが、配達エリアが町内のほぼ全域にわたるため、配達には午前二時から午前六時までかかってしまう。配達員は裕次郎一人だけなので、休めるのは月に一度の新聞休刊日だけなのだという。

私はすぐさま鈴木新聞舗に電話をかけて事実関係を確認すると、通話の最後にはもう「できれば、新聞配達を手伝わせていただけませんか」と申し出ていた。

「バイトですか？」と裕次郎は驚いて聞き返してきた。

私は慌てて否定した。アフリカ勤務から帰国してまだ日が浅く、福島県内の実情は何も知らない。新聞配達という行為を通じて原発被災地の現実を見てみたいのだ、と正直に打ち明けた。

脳裏に焼き付いた光景が私を無言で追い込んでいた。

福島県立図書館の東日本大震災福島県復興ライブラリー。

他人と同じことをしていては、福島《ここ》では何一つ原稿は書けない——。

「僕の方は構いませんよ」と裕次郎は電話口で優しく言った。「でも、大丈夫ですか？朝は早いし、冬はものすごく寒いですよ」

そんなふうにして、私の新聞配達の日々は始まったのだ。

17

午前二時、鈴木新聞舗の朝は始まる。

一八畳ほどの作業場の引き戸を開けると気温は零下二度。外気とそれほど変わらない。新聞配達の初日、裕次郎は吐く息を銀色に光らせながら数種類のチラシを機械にセットし、折り込みチラシの束を作った。この日のチラシは全部で二種類――近隣市にあるパチンコ店の新装開店と天然水のウォーターサーバー。

裕次郎は言った。「折り込みチラシはよく『社会の鏡』だって言われますけれど、本当ですね。町に戻ってきた人は多かれ少なかれ、飲み水に不安を抱いていますから」

福島第一原発からわずか約八キロ。原発事故によりこの町には大量の放射性物質が降り注いだ。政府は市街地の除染は完了したと説明しているが、町内でその説明を信じる人はあまりいない。特に山林の除染は手つかずのままだ。町民の中には「飲み水は山から来る」と水道水を敬遠する人が少なくないのだ。

機械がチラシを折り終えた頃、刷り上がったばかりの朝刊が届く。午前三時前、チラシを挟み終えた新聞を抱え、裕次郎と私は配達車に乗り込んだ。

未明の町が漆黒の闇に沈んでいる。気温零下三度。

長い間人の手が入らなかった家々は、今にも屋根や壁が崩れ落ちそうだ。それらが月明かりを遮って、路地は光の届かない洞窟のようになっている。町中心部にこそ街灯があるものの、通りを一歩外れると二メートル先の地面さえ見えない。行き交う車の音はもちろん、人間の生活に付随する一切の音が聞こえない。

「まるでゴーストタウンみたいでしょ。昔はこんな町じゃなかったんですけれどね」

裕次郎はそう言うと、ハンドルを握りながら私に鈴木新聞舗の歴史について教えてくれた。

創業者である祖父の宏が浪江町の中心部で新聞配達業を始めたのは一九三六年。契約部数はわずか一四部だったらしい。当時、宏には右腕がなかった。幼少期、砂利道を自転車で走行中に転倒し、右腕を付け根から切断していた。

福島県沿岸部は寒流・親潮の影響で夏にやませ（冷風）が吹くたびに耕作地では作物が実らず、冬が来ると男たちは都市部に出稼ぎに出なければならなかった。宏はそんな寒村で必死に片手で自転車を操りながら、戦後、大きなビジネスチャンスを摑《つか》む。

最初の転機は「野球」だった。

敗戦ですべてを失った国民は戦後の復興期を迎えると、まるで手の平を返したように米国発祥の「ベースボール」に夢中になった。大の野球好きだった宏はすぐさまその熱狂に飛び乗った。戦後間もない一九五一年、後に浪江町の夏の風物詩となる「浜通り選抜高校野球大会」を開催したのである。

それはあまりにも型破りな野球大会だった。地方の一新聞販売店に過ぎない鈴木新聞舗がすべての大会運営を取り仕切り、一九五一年から二〇〇三年まで実に半世紀もの間、福島県沿岸部の選抜強豪校八校を浪江町に集めて夏の甲子園大会の前哨戦《ぜんしょうせん》となる地区大会を独自開催したのである（これは夏の甲子園大会を主催する朝日新聞社の歴史を見てもほとんど例がない）。大会当日には浪江町内で吹奏楽の行進が行われ、始球式では小型機が上空を飛んで試合球を空から落下するほどの熱の入れようだった。

娯楽の乏しかった浪江町民たちは毎年夏に開かれる野球大会を心待ちにし、その試合結果の詳細が挟み込まれる新聞を（宏は翌日配達する新聞に大会結果の詳細を記したチラシを挟み込んでいた）競い合うように購読した。鈴木新聞舗は契約部数を大きく伸ばし、地域と一体となって自社開催の野球大会を盛り上げていく。

そこにもう一つ、時代の大波が押し寄せた――「原発」である。

一九六七年、浪江町の南隣に位置する双葉町と大熊町の境で東京電力福島第一原発の建設が始まると、隣接する浪江町には原発作業員のための下宿や飲食店が続々と建てられ、町中がひっくり返ったような「原発景気」に沸き立った。

時は高度経済成長期。宏は契約部数を二二〇〇部まで拡張させると、新聞舗の経営は長男の宏二に委ね、自らは浪江町議へと転身した。三代目となる裕次郎が父・宏二から経営のバトンを受け取ったのは震災前年の秋。

このまま家族ぐるみで経営を続け、浪江町の発展にも貢献していければ――。

あの日まで、裕次郎はそんなふうに考えていた。

18

以来、私は裕次郎を手伝う形で週一回、鈴木新聞舗で新聞配達を続けた。

受け持ち地域は帰還困難区域を除いた浪江町全域と隣の南相馬市小高区、全町避難が続く双葉町の一部。東京の山手線《やまのてせん》内をわずかに狭くしたほどの面積で、裕次郎は部数の多い浪江町中心部を、私はそのルートから遠く外れた浪江町沿岸部や双葉町内にある事業所などを配って回った。

鈴木新聞舗ではその頃、地元紙である福島民友を中心に朝日新聞や読売新聞、日刊スポーツなどを配達していた。私の配達先はすべて福島民友の購読者だ。朝日新聞の現役記者が他紙を――しかも競合紙である読売新聞系列の福島民友を――必死に配達して回る。そんな小さな「背信」が私を少しだけ愉快にさせた。

正直、新聞配達がこれほど大変なものだとは思わなかった。

雨の日には新聞を一部ずつビニールに包み、ずぶ濡《ぬ》れになりながら地域を回る。吹雪の日には針のように吹き込んでくる冷気に目を開けることさえできない。

最も恐ろしかったのは配達中のタイヤのパンクだ。津波の被害を受けた海沿いの道路はまだ凸凹《でこぼこ》で、所々に復興工事に関わるトラックからの落下物が真っ暗な路上に横たわっている。裕次郎は半年で五度パンクした。住民がほとんど帰還していない浪江町内でパンクをすれば、救援はなかなか来てくれず、周囲が暗くてタイヤの交換さえままならない。何より朝刊の配達時間に間に合わなくなる。

新聞配達を続けて初めてわかった事実もある。

浪江町役場はその頃、避難指示が解除された地域に暮らす帰還住民の数を人口の約三%、約四九〇人と公表していた。でも、それらはおそらく「虚偽」だった。実際にこの町に何人が暮らしているのか、結局誰にもわからないのだ。

この町で新聞配達をしてみれば、すぐわかる。震災前、人口の八割が新聞を購読していたこの浪江町で今新聞を契約しているのは、競合店を合わせても百数十人。町が公表している「帰還住民」の三割にも満たない。昼間、集金やあいさつに出向いても、帰還しているはずの人に会えない。駐車場にあるはずの車がない。行政が掲げる町内居住者数は「申請者」の数に過ぎない。復興の進捗《しんちょく》をアピールしたい行政の求めに応じて一度は「帰還者」として申請しながら、実際には昼間だけ町内の畑や役所で働き、夜や週末になると近隣市の「自宅」に帰ってしまう人がこの町には少なくないのだ。

配達の途中には巨大なイノシシやハクビシンと何度も出くわす。人が住まなくなった民家には今、多くの野生動物が生息している。

ある日、裕次郎の車に同乗して新聞を配っていると、突然、体重が二〇〇キロ近くもありそうな大型のイノシシが民家の軒先から飛び出してきて、裕次郎がぶつかる直前に急ブレーキを踏んだ。

「でっかいなあ。『もののけ姫』のタタリ神《がみ》みたいだあ」

裕次郎はそう言って笑ったが、私はそのジョークを手放しには笑えなかった。

この町は今、映画監督・宮崎駿《はやお》がアニメーションで描いた空想世界そのものだ。愚かな科学技術の失敗により大地にまき散らされた猛毒を、「腐海」にも似た強靭《きょうじん》な自然がまるで傷を治癒する瘡蓋《かさぶた》のように覆い尽くしている。暗闇の中から突進してくる巨大なイノシシが人間への恨みを晴らそうとする「タタリ神」だとするならば、首を狩られて立ち上がる巨神ディダラボッチの姿はあの日、原発の水素爆発によって空へと舞い上がった不気味な放射性雲（プルーム）ではなかったか――。

「あの日、雲を見ましたか？」と私は助手席で静かに聞いた。

「いや、僕は見ませんでした」と裕次郎は運転席で小さく言った。

19

二〇一一年三月一一日午後二時四六分、裕次郎はいつものように新聞舗内の作業場で父の宏二や母の信子と一緒にチラシの折り込み作業を続けていた。

巨大な揺れに襲われた直後、作業場の窓ガラスが割れ、全員が店の前にある中央公園へと飛び出した。停電でテレビが映らず、何が起きているのか、状況がまったく摑めない。

「原発が爆発しそうだからすぐに避難した方がいい」と近くの病院の医師から忠告を受けたのは周囲がすっかり暗くなった後だった。翌日の朝刊を積んだトラックが鈴木新聞舗に到着したのは午後一一時五〇分頃。新聞の一面には「東日本　巨大地震」の大見出しで、津波にのまれて炎上する東北沿岸部の写真が掲載されていた。

避難する前にやるべきことがある——裕次郎はそう思った。

配達車に乗って受け持ちの山あいの地域へと飛び出した。できる限り新聞を配ろうとしたが、道が断絶していたり崩落していたりしていて先に進めない。辛うじて家屋にたどり着けても、がれきが邪魔をして新聞受けに近づけない。

裕次郎はジレンマの中で配達できなかった新聞を抱え、住民が避難している体育館へと車で向かった。体育館の床の上に新聞の束をドカッと下ろすと、人々がワッと集まり奪い合うようにして新聞を手に取った。

初めて目にする光景だった。新聞に掲載されている写真を見て涙を浮かべる人。「俺にも一部くれ」と叫ぶ声。誰もが震災の記事を食い入るように読み続けている。

そんな光景を見て裕次郎は初めて自らの仕事の意義を理解したような気がした。浪江町は住民の八割が新聞を購読する「新聞の町」だ。それは住民の多くが高齢者であり、メールやインターネットが使えないことを意味している。

明日も配ろう――そう思ったが、現実がそれを許さなかった。

政府は一二日午前五時四四分、東京電力福島第一原発から半径三キロに発令していた避難指示を浪江町中心部を含む半径一〇キロへと拡大。明け方、裕次郎が新聞舗に戻ると、町内放送がしきりに町西部の津島《つしま》地区へと避難するよう呼びかけているのが聞こえた。裕次郎は家族を連れて国道114号を西へと向かい、福島市で暮らす親族のアパートへと身を寄せた。

その日から約六年もの間、浪江町民約二万一〇〇〇人の全町避難は続いた。福島県内では一二市町村に避難区域が設定され、最大一六万人が自宅外での避難生活を余儀なくされた。

裕次郎は新潟県柏崎《かしわざき》市の友人宅に身を寄せた後、しばらくして東京都内の新聞販売店でアルバイトをした。営業再開に向けた準備運動のつもりだったが、そこで忘れられない経験をした。

受け持った郊外の集合団地。配達のたびに郵便受けに新聞がたまり、換気扇にハエが群がっている。どうやら団地の一室で高齢者が孤独死しているようだった。

「どうして……」と浪江町で生まれ育った裕次郎は理解ができなかった。隣人が亡くなっているというのに、なぜ多くの住民がその異変に気づけない。

だから、震災六年の夏に浪江町に出されていた避難指示の一部が近く解除されそうだと聞いたとき、裕次郎は真っ先に鈴木新聞舗の営業再開を希望した。浪江町を「東京」のようにしてはならない、住民のつながりをこの手でしっかりと取り戻さなければいけない。

突然の申し出に前経営者である父の宏二は強く反対した。「経営が成り立たない」と宏二は断言した。震災前の浪江町の人口は約二万一〇〇〇人。町の予測によると、避難指示解除後の帰還人口はわずか一〇〇〇人。その数字でさえ、あくまでも町の「見通し」に過ぎない。町域の約八割は住民の居住の見通しが立たない帰還困難区域として残される。新聞販売店の収益の柱は折り込みチラシだ。住民が戻らず、スーパーや飲食店の再開がほとんど見込めない町で、チラシを折り込んで欲しいと依頼してくる事業者がどれだけいるか――。

それでも、裕次郎は折れなかった。帰還するほとんどの住民は高齢者だ。彼らはメールやインターネットが使えない。帰還には新聞の宅配が不可欠になる。高齢者さえも町に戻ってこられなくなれば、この町は永遠に地図から消滅してしまう。

二〇一七年一月、裕次郎は浪江町の避難指示解除に先駆けて六年ぶりに鈴木新聞舗の営業を再開させた。震災復興に関する福島県の補助金約四三〇〇万円を受け取り、東京電力の賠償金約二〇〇〇万円を合わせて再開資金にした。

ところが――というよりはやはり――経営は出だしから躓《つまず》いた。町役場が当初一〇〇〇人と見積もっていた避難指示解除後の帰還住民は、蓋を開けてみれば一四〇世帯一九三人に過ぎなかった。購読契約を結べたのはわずかに四〇部。とても経営が成り立たない。

最大の問題は配達員を一人も雇えないことだった。かつての従業員約三〇人に電話をかけても、町に戻ってこられないか、別の仕事に就いていると断られた。時給一五〇〇円で求人を出しても、応募者はゼロ。当時の浪江町内の有効求人倍率は六・六倍（震災前の約一〇倍）。数少ない帰還者を求めてハローワークには廃炉や除染関連の高収入の求人が並び、新規求人の平均賃金は震災前の四割増近くにまで上昇していた。

裕次郎には震災後に結婚した妻と生まれたばかりの乳児がいたが、妻もやはり働けなかった。

乳児を預けることができないのである。

福島県では震災後、それまでの大家族が別々に仮設住宅などに避難しなければならなくなった結果、以前のように祖父母が乳幼児の面倒を見ることが難しくなり、保育の需要が急激に上昇した。県内で保育所などに入れない子の数は東日本大震災翌年の二〇一二年の五五人から二〇一七年には過去最高の六一六人に増え、南相馬市でも前年より二五人も多い九〇人に増加していた。

配達員を一人でも雇えれば、配達を一日置きに交代できる。あいさつ回りや集金があっても週に一日は休暇が取れる。事故やパンクが起きても、互いに救援に駆けつけられる。それができなければ、いつか必ず自滅してしまう。

そうわかっていながらも、それができない裕次郎はたった一人で配達を続けた。友人と不満を言い合いたくても、飲酒運転になるので夕方以降は酒も飲めない。どんなに体調が悪くても、午前二時にはハンドルを握った。

配達部数は八五部で頭打ち。配達員も集まらず、妻も働けない。

もう限界かもしれない――そう思い始めていた九月、作業場に置かれた電話が鳴った。

「新聞配達を手伝いたい」。新聞記者を名乗る男が受話器越しに言った。

「バイトですか？」。裕次郎は震える声で聞き返していた。

20

結局、私の新聞配達の日々は半年間続いた。

当初は取材のきっかけを摑むためのものに過ぎなかったが、それらはやがて私の職業記者としての根幹を問い直すものへとつながっていった。

例えば、集金。

購読契約八五部の中には口座振り込みの人もいるため、実際に集金に出向くのは約四〇軒に過ぎない。裕次郎はその一軒一軒を丁寧に回って歩く。

実際に集金に同行してみて、こんなにも時間がかかるものなのかと驚かされた。午前中はほとんどの家が留守である。町内にはスーパーや病院がないため、住民の大半は午前中に買い物や診察のために近隣市に出かけている。裕次郎は古新聞回収用の袋を新聞受けに入れておき、それを見つけた住民が午後に彼の携帯電話に連絡を入れる。

時間がかかるのはそこからだ。裕次郎は代金を受け取るだけでなく、事務所や自宅にお邪魔してお茶を飲みながら三〇分以上も会話を交わす。時にはミカンを食べながら一時間以上の会話に付き合う。

八〇代の農家の男性は笑いながら話した。「イノシシに作物を根こそぎ食べられて。

畑はイノシシの運動場だ。俺の敵は放射能じゃない。イノシシだ」

六〇代の主婦は少し憤りながら愚痴をこぼした。「近くにスーパーが欲しいわ。車で三〇分かけて隣町まで買いに行くのは大変だもの」

裕次郎はそのすべてを受け止めながら「正月はいつからお孫さんのところに行きますか」「その間、新聞は止めておきますね」と一人ひとり配達を調整していく。

「鈴木さんとは先代からのお付き合いでね」と七〇代の主婦が私に耳打ちしてくれた。「でも今、新聞を取っているのは、たぶん裕次郎だからだわ。裕次郎の新聞はね、こう、温かいのよ。配達してくれている彼の姿を思い浮かべながら毎朝、新聞を読んでいるわ」

頭を鈍器で殴られた気がした。自分自身が惨めに感じた。

私は多分に自惚《うぬぼ》れていた。新聞記者として津波の被災地やアフリカの紛争地帯の最前線に立ち、ありのままの現実を伝えてきたという自負があった。

でも今、目の前にもう一つの新聞の現場がある。読者と密に信頼関係を築き、雨の日も雪の日も新聞を自宅に届ける人がいる。それがあって初めて情報が受け手に伝わる。情報が情報としての価値を持つ。そんな当たり前のことを私は裕次郎から知らず知らずのうちに学んでいたのだ。

真っ暗闇の町の中で新聞配達を続けているうちに、私と裕次郎はいつしか親友のような関係になっていった。

そんな裕次郎のもとにある日、一通の吉報が舞い込んだ。

鈴木新聞舗の活動が日本新聞協会の「地域貢献大賞」に選ばれたのだ。

21

午前三時、鈴木新聞舗の作業場で裕次郎は憂鬱そうだった。

その日の午後には東京都内の日本プレスセンタービルで日本新聞協会の地域貢献大賞の表彰式が開かれる予定になっていた。

「できれば欠席したいんですけれどね」と裕次郎は不服そうに私に言った。

受賞は嬉しいが、配達員がいないので仕事は休めない。朝の配達を終えた後、東京の会場に向かうには福島市経由で片道五時間。表彰式に出席後、すぐにとんぼ返りして徹夜で配達に臨まなければならない。

「拷問ですよ、拷問」

苦笑いしながら、慣れないネクタイを首元に巻いた。

東京。

表彰式の会場には、大手新聞社の代表や報道記者など数十人が詰めかけていた。

地域に貢献した新聞人に贈られる地域貢献大賞はその年、原発事故の避難指示解除地域で新聞配達を再開した福島県内九所の新聞販売店に贈られた。裕次郎は受賞者の代表として壇上に立ち、次のようなスピーチを述べた。

「震災後は一時廃業も考えましたが、故郷浪江の復興の一助になりたいと思い、業務に取り組んでいます」

「一度避難した地域は思った以上に困難がつきまといます。住民の戻りも順調ではなく、将来について日々悩んでいます」

しかし残念なことに、それらのスピーチはすべて事務局側とみられる関係者によって事前に準備されていたものだった。会場に到着するなり、係員が裕次郎に駆け寄り、書面を手渡すのを私は見ていた。私は落胆し、裕次郎も同じ思いであるようだった。

本心を言えば、私は彼に普段の配達中に私に話しているありのままの思いを——可能な限り荒々しい言葉で——この会場にぶちまけて欲しかった。人気《ひとけ》のない真っ暗な町中でたった一人配達車に乗り、毎日どんなに苦しく、どんなに辛い思いをしながら新聞配達という仕事に向き合っているか。人を雇えず、休みたくても一日も休めない苦悩を、未来の見えない絶望を、このきらびやかな会場に集まる人々の前で暴露して欲しかった。復興とは何か、原発被災地とは何か。それは東京で暮らすあなた方が頭の中では想像すらできない、とても苦しく、空《むな》しく、一方で、かけがえのない……。

表彰式の終了後、二人で「祝賀会」と称して東京駅近くで一人一万円のすき焼きを食べた。

直後に飛び乗った東北新幹線で、裕次郎はずっと窓の外を眺めていた。

隣の席に座った私に向かってつぶやいた。

「東京ってどんだけ明るいんですかね……」

無数のネオンが光の洪水となって窓の外を流れていく。あと数年でこの街にはオリンピックがやってきて、世界中から選手や観光客が訪れるという。

震災前までそれは福島第一原発で作られていた光。あの事故で送電が途絶えた今でさえ、東京は変わることなく輝いている。

他方、福島はどうか。沿岸部では先の見えない廃炉作業が続き、自分は今夜も依然真っ暗なままの故郷で新聞配達に臨まなければならない。

「浪江町の避難指示解除は、やっぱり少し早過ぎたんですかね……」

新幹線の座席で裕次郎が窓の外を見ながらつぶやくのを、私は車両の走行音で聞こえないふりをした。

22

元日の配達を二人でこなし、猛吹雪の厳冬期を抜けると、季節は春に差し掛かっていた。

私は三月一一日に合わせて半年間に及んだ裕次郎との新聞配達の日々を連載記事にまとめると、それを朝日新聞の全国面に計一五回にわたって掲載した。

タイトルは「新聞舗の春」。

連載の狙いは暗闇の町でたった一人で新聞配達を続ける三四歳の青年の生き様を通じて、避難指示解除後の原発被災地の「リアル」を描くことだった。住民がほとんど戻らない浪江町でなぜ一人新聞を配り続けるのか。なぜそこまできつい仕事に執着心を燃やせるのか。そんな心の葛藤や揺れをインタビューではなく、自らも対象者の近くで新聞配達を経験することで一人称によって表現することができないか――。

福島県に赴任したばかりの頃、私は極度に恐れていた。

正直に記せば、私にとって福島は「分断」の現場だった。取材で一歩踏み込むと、いくつもの見えない「線」と遭遇する。原発事故で避難した人、避難しなかった人。自宅や田畑が放射能で汚染された人、汚染されなかった人。東京電力から多額の賠償金を受け取れた人、受け取れなかった人。故郷に戻れた人、戻れない人、あるいは自主的避難者……。

原発事故が「人災」という側面を極めて強く有しているがために、そこには加害者と被害者という人的な概念が生まれ、被害の状況は為政者によって——あるいは加害者である東京電力によって——細かく分類され、今も分断され続けている。それらの細断の根拠となる情報はあまりにもプライベートに直結しているがために決して表出することはなく——所有財産の被曝線量や東京電力からの個別の賠償金額については今もまったく公開されていない——、結果、近隣同士が疑心暗鬼に陥って相互に憎しみ合うという最悪の循環が生まれ始めているように私には思えた。「あの人はあんなに賠償金をもらっていながら、まだ裁判をやるらしいわよ」「あの集落は大して汚染されてもいないのに、『戻ってこられない』なんて信じられない」。親しかったはずの隣人同士が互いに罵《のの》り合う現場を私は取材の先々で見聞きしてきた。

だからこそ、私は自分が受け持つことになった一五回の連載ではそれらの思惑をできるだけ排除し、自らの目で見た原発被災地の現実を可能な限り一人称で報じるよう努めた。

それは紛れもなく私が見た「事実」であったし、胸の内を正直に告白すれば、その方法こそが書き手である私にとっては一番「安全」でもあったのだ。

新聞連載が終わっても、私は取材で浪江町に立ち寄るたびに鈴木新聞舗に顔を出すようにしていた。それまでと変わらず作業場で裕次郎と馬鹿話をしたり、震災後ようやく中心市街地で営業を再開した食堂に一緒に昼食を食べに行ったりした。新聞舗の経営は相変わらず厳しいようだったが、連載が終わった頃からはぽつりぽつりと配達員が集まるようになり、今ではなんとか交代で休みが取れるようになってきていると裕次郎は話していた。

その日の夜は久しぶりに新聞配達を手伝った。恐ろしく風の強い夜で、空は分厚い灰色の雲で塞がれ、四月だというのに気温は二度前後にまで落ち込んでいた。

町中心部の配達を終えた後、いつものように誰一人生活していない津波で壊滅した集落に向かった。校舎の二階部分まで水に浸《つ》かった浪江町立請戸《うけど》小学校のそばにあり、そこには一軒だけ、新聞を購読している建設会社の事務所がある。周囲には今もがれきが散乱し、一面がセイタカアワダチソウで埋め尽くされている。

私有車である中古のランドクルーザーのドアを開けると、海から疾風が吹き込んできた。ウインドブレーカーのフードをかぶると、吹きつけてくる風の音がよりいっそう大きくなったような気がした。鼻先に潮の香が漂ってくるのは、海を抜けてくる風に潮水が含まれているからだ。私は新聞が濡れないよう、ウインドブレーカーの中に抱きかかえるようにして車を降りると、海沿いの事務所へと一直線に走った。新聞をポストに投《とう》函《かん》した後、ランドクルーザーに飛び乗ってドアを閉めると、相対的に静寂が私を支配し、エンジンを掛けるまでの間、周囲は真っ暗な「闇」に包まれた。

人工の明かりが何一つない、完全なる「闇」。

そのとき、私はなぜか「幽霊は本当にいるのだろうか」と考えた。東日本大震災における浪江町の死者数は一八二人。地震を原因とする建物倒壊の犠牲者は一人で、残りの一八一人はいずれもこの沿岸部において津波の被害で亡くなっている。

そして、限りなく「無」に近い空間にしばらく身を預けながら、私はふと北極を旅する探検家のことを想《おも》った。ちょうどその頃、「極夜」と呼ばれる北極の冬を単独行して執筆した探検家のノンフィクションが巷《ちまた》の話題を呼んでいた。探検家はかつて同じ職場で働いたことのある元同僚でもあった。太陽の昇らない冬の北極圏に四カ月も身を投じ、その元同僚は極限状態の中で自らの精神の髄から浮き上がる言葉によって作品を綴ろうと死闘していた。

どちらが暗いのだろう、と私は思った。

彼が歩いた太陽が昇らない冬の北極と、私が今新聞を配っている、原発事故で人間がほとんど暮らせなくなった浪江町の夜と。

月や星が出ていても、北極の夜は暗いだろうか――。

新聞舗に戻ると、裕次郎が手にしていた福島民友の朝刊一面に大きく東京オリンピックの話題が掲載されていた。

「どうなるんでしょうね、東京オリンピック」と私が口にした瞬間、裕次郎が「あっ、そうそう、東京と言えば――」と思い出したように言った。

「今度、うちで配達を担当してくれることになった浪江出身の方、元警視庁の人なんですよ」

「えっ」と私は驚いて聞き返した。「警視庁？」

「そうなんです。警視庁ＯＢ」と裕次郎は嬉しそうに言った。「定年退職して東京に家を構えていたんだけれど、三浦さんの連載記事を読んで『新聞配達を手伝いたい』って応募してきてくれたんです」

へぇ、と私は思わず声が出た。

「そういう人だから、本当に真面目でいい人で」

「良かったね」

「うん、本当に良かった」

私は会話が湿っぽくなりそうだったので、短くあいさつをして新聞舗を出た。

「三浦さん」と次の瞬間、裕次郎がいきなり立ち上がり、私の背中を呼び止めて言った。

「本当に、いろいろとありがとうございました――」

私は目の前が滲《にじ》みそうになり、慌てて下を向くふりをする。

第五章

ある町長の死 I

23

その日の夜も飲んでいた。グラスの中で揺れているのはビールでも焼酎でもなく、ウーロン茶だ。誰かが店にやって来るのを一人静かに待っていた。

居酒屋「いふ」──そこは当時、避難指示が解除されたばかりの福島県浪江町で唯一、夜間に飲食ができる場所だった。JR常磐線《じょうばんせん》の浪江駅から徒歩五分。日没後、帰還住民が長すぎる夜を嫌ってぽつりぽつりと集まってくる。

「偉いねえ、三浦さんは。酒も飲まずに」と気のいいマスターがカウンター越しに語りかけてくる。「いつまで新聞配達を続けるつもりなの？」

「ええ……いつまでですかね」

店は長らく、私にとってなくてはならない「取材拠点」だった。「いふ」の二階には主に除染作業員などが寝泊まりできる民宿が併設されており（「新妻荘《にいつま》」というのがその正式な名称だったが、多くの利用者が階下の居酒屋の名前で呼んでいた）、私は浪江町内で新聞配達をするときには必ずこの「いふ」に予約を入れ、民宿で仮眠を取ってから配達に向かうことにしていた(だからアルコール類を注文できなかった)。当時の私はまだ福島総局に所属しており、福島市から浪江町に向かうためにはパトカーですらも事故を起こすと言われた雪の山道を深夜一時間半もかけて通わなければいけないことが表向きの理由だったが、私にとってはむしろ、「いふ」で提供される食事や店内で交わされる会話の方が大きかった。一泊二食付きで四八六〇円。地方の民宿としてはそれほど安価とは言えないのかもしれなかったが、夕食には首都圏ではその倍の金額を払っても食べられないような新鮮な刺し身や煮付け、焼き魚がずらりと並んだ。

何より、帰還住民たちとの雑談が魅力的だった。

「いふ」には当時、浪江町に帰還した住民たちが集うサロンのような空間が広がっており、カウンター席で夕食を食べてさえいれば、名刺を切らなくても誰とでも気軽に世間話をすることができた。薄暗い蛍光灯に照らされたテーブルの上には食べ切れずに残された刺し身や煮付けと共に、インタビューという正式な取材では決して得ることのできない帰還住民たちの本音が転がっていた。

その夜は「名前」が酔客たちの話題に上った。

「なんでまた、東京電力は原発に『福島』なんていう中途半端な名前をつけちまったんだろうなぁ」

酔いつぶれた除染作業員らしき男は分厚い手の平で私の肩を叩きながら愚痴をこぼし

た。男は原発から六〇キロ以上離れた福島市の出身らしく、原発事故後の風評被害で実家の果樹園の経営が傾き、今は雇われ労働者として浪江で除染作業に従事しているらしかった。

なぜ東京電力は原発に「福島」という名称をつけたのか——。

それは原発被災地で取材を続けている私にとっても率直な疑問の一つだった。日本に点在している商用原発のほとんどが「東京電力柏崎刈羽《かりわ》原発」「東北電力女川《おながわ》原発」のように原発が立地する市町村名を正式な名称として採用している。しかし、福島県の沿岸部に設置された東京電力の二つの原発にはなぜか、「大熊双葉原発」「楢葉《なら》《は》富岡原発」とはならずに「福島第一原発」「福島第二原発」という都道府県の名前がついてしまっているのだ。

その名称の「広さ」が原発事故後に何をもたらしたか——答えは明白であり、残酷でもある。

史上最悪のレベル7の過酷事故を起こした「東京電力福島第一原発」という名称が世界各国に発信されたことにより、国内外の人々は無意識のうちに「原発事故」と「福島」を同一のものとして結びつけ、原発事故によってまるで福島県全域が高線量の放射能で汚染されてしまったかのような印象が広がった。福島県は東京、神奈川、千葉、埼玉の四都県を合わせたよりも面積が広い。地理的には大きな山脈によって隔てられた

「浜通り」「中通り」「会津」という三つの独立した文化圏によって成り立っているが、そんな局所的な説明は「事故を起こした福島第一原発」という強烈なネーミングによって吹き飛ばされ、「中通り」に位置する福島市や郡山市はもちろん、その西側に位置し、むしろ日本海側に近い「会津」でさえも、長らく風評被害に苦しめられることになった。

もし、大事故を起こした原発の名前が「大熊双葉原発」であったなら、福島県全域に風評被害が広がることを防げたのではなかったか——それは誰にもわからない。

「今からでも遅くはないから『大熊双葉原発』に変えてくんねぇかなぁ」と「いふ」の酔客は私に言ったが、事あるごとに多方面からの非難に晒《さら》され、組織防衛でがんじがらめになっている今の東京電力の首脳陣がそんな思い切った改称に乗り出すようには思えなかった。たとえ名称を変えたとしても、現実は何一つ変わらない。「東京電力福島第一原発」は史上最悪レベルの原子力災害を引き起こし、膨大な放射性物質と風評被害を福島県内にまき散らした。そしてそれは今もまだ、いつ修復できるかさえもわからない深刻な傷を負ったまま、我々のすぐ目の前に横たわっているのだ。

「そういえば、浪江町にも昔、原発を建設する計画があったよね」とカウンターの向こうでマスターが言った。「あの原発がもし完成していたら、今頃どうなっていたんだろうなぁ」

その一言を聞いて、小さな痛みが胸に走った。

そう、今では多くの人がまるで忘れてしまったかのように振る舞っているが、この町にもかつて、原発の誘致運動があった。

建設を目指した東北電力浪江・小高原発（一基、約八三万キロワット）。

東日本大震災の発生と同時にひっそりと白紙化されたその計画の陰で、私は、その巨大電源を心から欲し、やがて裏切られるように死んでいった、一人の町長の生涯を思い起こしていた。

24

「浪江町長をしております馬場有《たもつ》と申します。お手紙をいただいた件で少しお話をしたいのですが……」

その声は今も私のスマートフォンの留守番機能に残っている。福島県浪江町長の馬場有から私が直接連絡をもらったのは、浪江町の避難指示が一部で解除されてからようやく一年を迎えようとしていた二〇一八年三月だった。

その春、私は避難指示解除後の浪江町の現実を伝えようと、町内の新聞販売店で約半年間、新聞配達を手伝いながら、朝日新聞の全国面に計一五回の連載記事を執筆していた。

当時、一つだけ心残りがあった。避難指示解除後の浪江町の実像を描くためには町政のかじ取りを担う首長のインタビューが不可欠だったが、町長である馬場はその頃、体調不良を理由に公務を長く休んでおり、取材がまったくできなかったのである。私は連載終了後も時折、新聞配達を続けながら浪江町が復興していく様子を定点観測的に記録できないかと考え、まずはその手始めとして前回取材ができなかった馬場に「町長の半生を口述筆記の形で書き残させていただけないか」と取材依頼の手紙を出していた。

浪江町は「悲劇の町」と呼ばれる。

町内に原発が立地していないにもかかわらず、原発の爆発事故によって巻き上げられた大量の放射性物質を含んだ雲（プルーム）が浪江町内を縦貫するように北西方向へと流れ、雨や雪と共に降り注いだため、町域全体が極度に汚染されてしまった。国や福島県は当時、それらの雲の流れを事前に察知していたが、その情報は浪江町には伝えられず、町は結果的に――あるいは悲劇的に――町民をあえて被曝する危険性のある地域へと避難させてしまっていた。

馬場は震災前の二〇〇七年に町長に就任し、リーダーとしてその後の原発事故や六年に及んだ全町避難の対応にあたった第一級の当事者だった。私はそんな馬場の半生を口述筆記で記録することにより、浪江町や浪江町民が背負った悲劇の詳細を自らの手で書き残せないかと考えたのだ。

当初、馬場への取材依頼は病気を理由に断られるのではないかと考えていた。ところが予想に反し、スマートフォンの留守番機能から聞こえてくる馬場の肉声は極めて好意的なものだった。

「実は新聞の連載記事を読んでいましてね」とすぐさま私が電話を折り返すと馬場は明るい声で軽快に言った。「鈴木新聞舗を舞台にした『新聞舗の春』。いやいや、震災後いろいろなタイプの記者さんにお目に掛かりましたが、新聞配達までなさって記事を書かれた方は初めてでした。記事の内容も素晴らしく――というのは当事者である首長としてはいささか無責任に聞こえるかもしれませんが――浪江町の現状がそのままの形で記されていて、町政を預かる者としては心から感謝しておったところなのです」

「それでは口述筆記については……」と私は恐る恐る電話越しに尋ねた。

「ええ、結構です」と馬場は言った。そして少し言い淀《よど》んだ後、こう付け加えた。「ただし、一つだけ条件があります」

「条件?」

「はい」と馬場はそこで意図的に口調を改めた。

「私は今も現職の首長です。発言の内容が周囲や議会に影響を及ぼさぬよう、掲載については私が許可するか、万一のことがあった場合に、という条件でお願いできませんでしょうか――」

25

馬場への初めての口述筆記は二〇一八年四月六日、浪江町中心部にある彼の自宅で行われた。

取材の直前、私は上司である担当デスクと取材の進め方についてかなり念入りな打ち合わせを持った。馬場との事前のやりとりにより口述筆記は全部で一〇回から一五回、話が外部に漏れないよう自宅で約一年間かけて実施することになっていた。加えて、馬場からは「掲載については私が許可するか、万一のことがあった後にして欲しい」との条件が付けられていた。新聞業界では通常、事実は確認が取れ次第、可能な限り速やかに報道することを是としている。彼の要望はそれらの職業的なルールを逸脱する可能性を孕《はら》んでいた。

もう一つ、馬場自身の健康問題があった。馬場はその半年前から入退院を繰り返し、長く町長室を留守にしていた。町役場側による病名の説明は「腸閉塞」。私は「新聞舗の春」の取材当時から再三インタビューを申し込んでいたが、彼は――というよりは町の総務課は――その取材要請に応じなかっただけでなく、福島県沿岸部の各首長たちが恒例として毎年三月に実施している各市町村内の復興状況を全国に発信するための報道各社のインタビューについても、すべて副町長が代理で答えるという異例の対応で凌《しの》いでいた。私と担当デスクは途中で馬場の体調が悪化して取材が中断されてしまうことも想定し、通常の口述筆記で採用している自らの生い立ちを幼少期から振り返ってもらう手法ではなく、馬場の人生が最も激しく揺れ動いた震災直後の場面から記憶を辿ってもらうことにした。

当日の午前中、馬場は七年ぶりに町内で授業を再開させる「なみえ創成小・中学校」の開校式に出席した。久しぶりの公務にあたり、いつ病状が急変しても対処できるよう、町の保健職員が見守る中での出席だった。

馬場は壇上で次のような祝辞を述べた。

「我が故郷・浪江町にもついに子どもたちの笑い声が戻ってきました。嬉しくて仕方がありません。今日は記念すべき浪江町の復興の、大きな、大きな第一歩です」

入学した児童生徒の数は小中学校を合わせてわずか一〇人。それでも馬場はよほど嬉しかったのだろう、式典後、報道陣に囲まれると「今はまだ児童や生徒の数にそれほど意味はありません。子どもたちがこの町に戻ってきてくれた。その事実こそが大きいのです」と目を細めて宣言していた。

午後二時、私は鈴木新聞舗に立ち寄って店主の鈴木裕次郎と近くにできた食堂で焼き肉定食を食べてから、馬場の自宅に徒歩で向かった。インターホンを押すと「どうぞ」

という夫人の柔らかな声が内側から聞こえ、そのまま居間へと通された。避難指示解除後に建てられた新築らしく、庭には植えられたばかりの芝生が春の日差しを浴びて湖面のようにきらめき、外には真新しい電気自動車が停《と》められていた。

穏やかな陽光が差し込むリビングで、馬場は青と白のチェック柄の普段着を着込み、ゆったりと栗色《くりいろ》のダイニングチェアに腰掛けていた。

痩せている――。

それが私の第一印象だった。午前中の式典ではスーツを着ていたので目立たなかったが、柔らかな素材の普段着に身を包んで腰を下ろしている馬場の姿は――まるで朽ち果てる直前のイチョウの大木のように――一回りも二回りも小さく、水分を失っているように私の目には映った。

私は馬場と向き合う形でダイニングチェアに座った。「何か温かいものでもお飲みになりますか」と聞かれたので、「それではお茶をお願いいたします」と近くにいた夫人に求めた。

馬場は自宅で過ごしているせいか、心身共にリラックスしているように見えた。原発事故の最前線で陣頭指揮を執った「闘う町長」の険しさは影を潜め、どこか好々爺《こうこうや》のような麗《うら》らかさを身にまとっている。

雑談が一段落すると、馬場は「先日言い忘れてしまったのですが、実はもう一つだけお願いがあります」と思い出したように私に言った。「それはつまり、確認についてです。これから私がお話しすることについてはどうか、しっかりと裏付けを取ってから記事にしていただきたいのです。私は震災直後の出来事についてはわりと鮮明に記憶が残っている方だと思うのですが、それでもこの歳《とし》ですから、若干記憶が薄れてしまっていたり、あるいは私の勘違いだったりすることがあるかもしれません。私や浪江町の経験を後世に残していただく以上、私の記憶違いで他の方に迷惑がかかったり、誤った事実が史実として伝わったりしないよう、できるだけ複数の方に事実関係をお確かめになった上で、記事をお書きになって欲しいのです」

その申し出については議論の必要はなさそうだった。私も職業記者である以上、町長本人の発言とは言え、事実関係の裏付けなしでは記事にできない。「もちろんです。お伺いした内容についてはしっかりと裏付け取材をした後で記事化することをお約束いたします」と私は告げた。

馬場は表情を変えずに頷いた。そして、別室にいた夫人を呼び寄せ、自分と私のお茶を替えさせると、再度、掲載についての条件（自分が許可するか、万一のことがあった後に掲載するという約束）を私に向かって確認した。

「そちらも上司と確認済みです。約束は絶対にお守りいたします」

私がそう言うと、馬場は一瞬、わずかに微笑んだように見えた。隣に立っていた夫人を見上げるようにして、「それでは口述筆記を始めましょうか」と何かを確かめるように発した。「まず最初にですが……」と馬場は話し始めた。「私はあなたに伝えておかなければならないことがあります」

　私は黙って頷いた。

「すでにお察しかもしれませんが、私はガンです。四年前に発覚した胃ガンが転移しており、手術は難しい状況です。間もなく放射線治療に入ります」

　突然の告白に私は目を見開いた。馬場は意図的に視線を宙へと漂わせ、私と目を合わせようとはしない。

　ガン──？

　私は激しく混乱しながらも、それまで聞いていた彼の病名を記憶の中に探った。連載取材時、町役場から説明を受けていた彼の病名は確か「腸閉塞」だった。

　嘘《うそ》だった──？

　予期せぬ展開に思わずつばを飲み込むと、その音が思いの外大きく響いた。

「どうしても後世に伝えて欲しいことがあります」と彼は事前に準備していたのだろう、今度は私の両目をしっかりと見つめ、胸の中に詰め込まれていたものを吐き出すように話し始めた。「今でも『原発事故による死者はいない』と言う人がいますが、あれは完全に間違いです。浪江町にはあの日、本来の情報が届いていれば、命を助けることができたかもしれない人がいた。それをどうしてもあなたに伝えて欲しく……」

そう言うと、何度も苦しそうにせき込んで、天井を見上げた。

26

二〇一一年三月一一日、福島県浪江町長の馬場有は町議会の三月定例会が休会日だったため、町長室で副町長らと会議をしていた。

午後二時四六分、震度六強の激震。

町長室の棚から地元銘品の大堀《おおぼり》相馬焼の大壺《おおつぼ》が落ちて割れ、テレビを押さえようとした副町長が真横に飛ばされた。隣の秘書室からは「ドカーン」という轟音《ごうおん》が響いた。慌てて駆けつけてみると女性職員が書棚の下敷きになっていた。

急いで女性職員を救助すると、今度は総務課から「町が全部やられた」と叫ぶ声が聞こえた。町役場は阪神・淡路《あわじ》大震災後に建設された耐震構造の鉄骨四階建てだが、それがまるでコンニャクのように揺れ続けている。

揺れが収まったのは数分後だった。災害マニュアルに従って二階の庁議室に災害対策本部を設置すると、町内の被害を把握するため、秘書係長を連れて町役場の外へと飛び出した。

自宅近くの商店街に向かうと、水道管が破裂して水が噴き出していた。町の中心部にある中央公園では、激しい揺れで家を飛び出してきた住民たちが肩を寄せ合うようにしてうずくまっている。

自宅の向かい側では二階建ての家屋が倒壊し、中から顔なじみの高齢者のうめき声が聞こえた。

「助けてください……」

二階から這い出てきた家人に救助を懇願されたが、余震が激しくて近づけない。

「レスキュー隊を呼んでください、すぐに」

秘書係長にそう命じた瞬間、周囲にJアラート（全国瞬時警報システム）が鳴り響き、町の沿岸部に津波が押し寄せてくる危険性を告げた。

津波……！

「町長、至急役場に――」

秘書係長が叫ぶと同時に、馬場は町役場に向かって全力で走った。

災害対策本部に到着すると、無数の職員がごった返し、まるで野戦病院のようになっていた。馬場は飛び交う罵声をかき分けるようにして職員に向かって大声で叫んだ。

「津波が来る。すぐに海岸から離れるよう、町民に大至急、防災無線で伝えてくれ」

町のトップの指示を受け、沿岸部に張り巡らされた防災スピーカーが一斉に海岸からの避難を呼びかけ始めた。窓越しに車や人が列をなして内陸へと避難し始めているのが見えた。

本当に津波が来るのか――。

半信半疑だった馬場は津波の到来を自分の目で確かめようと、職員を連れて役場の最上階（四階）へとつながる階段を駆け上がった。最上階にたどり着くと、遠くに見える請戸漁港からちょうど数十隻の漁船が港を出て行くところだった。

大地震が発生したら、女と子どもは高台に、男は船を沖合へと逃がす――それがこの地方に古来伝わる不文律だ。船舶は沖合でこそ大きな波を乗り越えられるが、身動きのとれない港内で横波を食らえばひとたまりもなく転覆してしまう。

「助かってくれ……」。両手を合わせて祈っていると、突然、両脇で海を眺めていた女性職員たちから悲鳴が上がった。

午後三時三三分、津波到来。

先ほどまで請戸漁港があったはずの方角に目を凝らしてみても、一帯は黄色い土煙に包まれて何も見えない。数秒後、その黄色いカーテンの下からどす黒いゼリー状の物体が流れ込んでくるのが見えた。

津波……？

馬場曰《いわ》く、それは「シュワシュワと泡立った、真っ黒な波」だった。押し寄せるというよりは大地を黒く塗りつぶしていく。それまで見えていたはずの木々や電柱や道路上の広告などが視界から消えた。

周囲では職員たちが呆然《ぼうぜん》となりながら無言で立ち尽くしていた。

「ここは安全なのか――」と誰かが言った。

津波がどこまで押し寄せて来るのか。高さはどれくらいなのか。

その距離感と規模がまるで摑めない。

「町が全滅するかもしれない」と馬場は思った。

27

二階の災害対策本部に戻ると、町職員たちはパニック状態に陥っていた。誰もが右往左往するなかで周囲に怒号だけが飛び交っている。人的にも物的にも大きな被害が出ているはずなのに、肝心の情報が入ってこない。固定電話も携帯電話もつながらず、停電でテレビも映らない。今、町内で何が起きているのか。災害時に最も大切な現状確認が何一つできない状況だった。

目も耳も塞がれたような孤塁の中で、馬場が唯一頼りにしたのが町長就任直後に作成した津波の避難マニュアルだった。そのマニュアルでは、津波警報が発令された際、海沿いの住民たちは高齢者や障害者を救助しながら海岸線から一キロ離れた小高い大平山に集まり、救援を待つことになっていた。もしマニュアル通りに住民が高台へと避難してくれていれば、被害を最小限に食い止めることができる。

夕方になると、津波の被害を逃れた沿岸部の住民たちが続々と浪江町役場に集まってきた。馬場は災害対策本部として使われている庁議室と町長室を除くすべての部屋を開放し、避難住民たちを受け入れることにした。廊下や会議室が人で埋め尽くされ、職員は住民に配布するための毛布や食料、ろうそくの準備に追われた。

同時に町役場に避難してきた住民たちの声によって、徐々に町内の被害の実態が浮かび上がってきた。「地震の後、近所の高齢者が海の様子を見るために沿岸部に向かった」「海沿いの家に残ったままの高齢者がいる」「請戸漁港は壊滅的だ。一五〇艘《そう》の漁船のうち無傷なのは数艘しかない」……。

日没の直前、「(町内を流れる)高瀬川《たかせがわ》と請戸川が氾濫《はんらん》し、流された屋根の上で助けを求めている人がいる」という情報が複数の住民から寄せられた。

相当数いるな――。

馬場は消防団の幹部らに二次災害に十分に注意を払った上で町民の救助に向かっても

らうよう伝えた。

浪江町消防団の分団長を務める高野仁久《きみひさ》が沿岸部の浸水地域へと向かったのは午後八時過ぎだった。

仕事用の軽トラックに乗って高瀬地区へと向かい、高瀬川を渡ろうとすると、橋には川を逆流してきたがれきが山のように積み重なっていた。橋の下では津波に巻き込まれたか、逃げ遅れた人がいるらしく、消防本部のレスキュー隊員たちが懸命な救助活動を続けていた。

普段であればうるさいほど聞こえる国道6号を走るトラックの走行音が、まるで防音室にいるかのように聞こえない。レスキュー隊員のかけ声も、打ち寄せる波の音もしない。救急車や消防車が回す赤色灯の光だけが暗闇の中にわずかな隙間を作り出していた。

高野は再び軽トラックに乗って漁港のある請戸地区へと向かった。請戸川に設置されていたヤナ場はすべて津波で壊滅しており、橋のたもとでなぜか顔見知りの町議がぽつんと一人、亡霊のように立ち尽くしていた。町議と短く言葉を交わした後、さらに奥へと軽トラックを走らせた。車両が進めるギリギリのところまで行き、エンジンを止めて軽トラックを降りた。

直後、少しだけ後ずさりした。

目の前にあるのは漆黒の闇。暗いのではない、黒いのだ。

音がしないのはなぜだろう？

そう思った瞬間、闇の向こうで何かが動いたような気配を感じた。

もしかして――誰かいるのか？

「おぉー、誰かいるかー」

高野は声が遠くに届くよう、腹の底から声を絞り出すようにして闇に向かって呼びかけた。

「おぉー、誰かいるのかー」

すると、その声に呼応するように闇の中から「アー」とも「ウー」ともつかないうめき声が聞こえた。でも、それがどこから聞こえてくるのかはわからない。

高野は頭に付けていたLED製のヘッドランプで周囲を照らそうと試みた。しかし、その青白く弱い光では周囲をボンヤリと照らすことはできても、懐中電灯のように光線をまっすぐ遠くに届かせることができない。

五〇メートル先か、一〇〇メートル先か――。

「おーい、どこにいるー」

高野は闇に向かって大きく叫んだ。

すると、どこかで「トン」という打撲音が響いた。

「どこだっ、どこにいるー」

今度は「トン、トン」と二度、その音は響いた。

高野の体に電流のようなものが走った。

誰かいる。まだ生きている。

28

「待ってろよー、絶対助けに来るからなあー」

高野は闇に向かって力いっぱい叫ぶと、助けを呼ぶために軽トラックに飛び乗って浪江町役場へと向かった。

「何人か来てくれ。沿岸部でまだ生きている人がいる」

浪江町役場に転がり込んで救援を求めると、「今日はもう無理だ」と消防団の幹部に制された。浪江町役場ではそのとき、深夜の捜索による二次災害を避けるため、危険を伴う救助作業は一時的に中断し、明朝七時から一斉に再開する方針を決定していた。

「なぜだ?」と高野は納得がいかなかった。「沿岸部には今も冷たい水に浸かったまま助けを待っている人がいるんだぞ」

町役場には続々と消防団の派遣要請が舞い込んできていた。数十分後には町内の神社に約五〇人の住民が取り残されているという情報が寄せられ、高野も救助隊の一員として現場に向かった。沿岸部が壊滅状態だったため隣の双葉町側に車両を停め、三〇〜四〇分歩いて神社に入った。石段は流されていたが、境内は辛うじて津波の被害を免れていた。住民たちは境内の社務所の床や壁をはがして燃やし、暖を取りながら救助隊の到着を待ち続けていた。高野は衰弱し切っている高齢者を励ましながら搬送用のバスまで必死に運んだ。

町役場に戻ったのは午前三時半過ぎだった。救助再開まであと数時間。「少しでも休んでくれ」と消防団の幹部に声をかけられたが、眠れるはずもなかった。

「あの場所」にはまだ俺に助けを求めている人がいる。俺は「助けに来るからな」と声をかけておきながら、彼を——あるいは彼女かもしれない——を「あの場所」に置き去りにしたんだ——。

東の空が明るんできたのは午前五時半を過ぎたころだった。町役場の屋上に上って眺めてみると、水没した町はまるで全体が鏡のようになって太陽の光をはね返していた。

緊急事態の「第一報」を馬場が最初に覚知したのは、大震災から一夜明けた三月一二日午前五時四四分だった。災害対策本部の椅子で仮眠を取っていると、自家発電で視聴可能になっていたテレビのニュースで政府の担当者が何かを発言しているのが目に入った。意識を必死に呼び覚ましてよく聞いてみると、東京電力福島第一原発から半径三キロ圏内に出されていた避難指示を半径一〇キロに拡大するという。

「避難指示？」

馬場は飛びそうな意識をなんとかつなぎとめながら、職員たちにすぐにテレビのニュースを見るよう大声で叫んだ。テレビに群がった職員たちは記者会見の内容を知り、しばらく身動きが取れなくなった。

「まさか……」

馬場はうろたえた。震災発生以来、原発の被災は完全に意識の外にあった。日本の原発は多重防護で守られている。たとえどんなに大きな津波や地震に襲われたとしても、その安全性は決して揺らぐことがない。そんな安全神話を心の底から信じ切っていたからこそ、自らも原発推進論者として町内への原発の誘致を推進し、前夜の災害対策本部会議でも一晩中、津波や地震による被害者の救助に焦点を絞って協議を続けていたのだ。

しかし実際には、浪江町役場の八キロ南にある東京電力福島第一原発はそのときすでに危機的な状況に陥っていた。地震の発生直後こそ辛うじて非常用ディーゼル発電機で原子炉を冷やすことができていたものの、約五〇分後に押し寄せた高さ最大一五メートルの津波によって主要施設のほぼ全域が浸水し、電源設備が使用できなくなって原子炉を冷やせなくなっていた。

東京電力は三月一一日午後四時四五分、国や福島県、原発が立地する大熊町と双葉町に対して原子力災害対策特別措置法に基づく第一五条通報を実施。国は午後七時三分、原子力緊急事態宣言を発令し、午後九時二三分には第一原発の半径三キロ圏内の住民に対して避難指示を出していた。

でもなぜか、それらの情報は浪江町には伝えられない。福島第一原発が立地する双葉郡で最大の人口約二万一〇〇〇人を抱える浪江町は事実上、地震発生から一五時間以上もの間、情報の「真空地帯」に放置されていたのだ。

「東京電力からの通報連絡は――？」

馬場は災害対策本部に詰めている町職員に叫ぶように聞いた。

福島第一原発を運転する東京電力と周辺自治体である浪江町は一九九八年に通報連絡協定を結び、原発で万一異常が起きた際には電話またはファクスで町に連絡を入れ、それが難しいときには社員が直接連絡に来る取り決めになっている。具体的には東電社員三人と浪江町職員三人がそれぞれ異なるドコモ、ソフトバンク、ａｕの携帯電話を所持し、非常時には通話可能な携帯電話で相互に連絡を取り合う態勢を取っていた。

「東京電力からの連絡、ありません」

町職員の返答が災害対策本部に空しく響いた。

馬場は絶望的な気持ちで宙をにらんだ。

政府が発令している避難指示は原発から半径一〇キロ。浪江町ではその半円に人口の約八割、約一万六〇〇〇人の町民が暮らしている。

このままでは手遅れになる——。

馬場はすぐさま町の幹部らを招集して災害対策本部会議を開き、福島第一原発から一〇キロ圏内で暮らす町民を急いで一〇キロ圏外へと避難させることを決めた。

その決断が何を意味するのか、馬場は十二分に理解していた。

沿岸部には今もケガをして救援を待ち続けている人がいる。それを承知で原発の半径一〇キロから全町民を避難させるのであれば、今朝に延期していた沿岸部での人命救助活動を放棄することになり、助けられる命をその場に置き去りにすることにつながる。

直後、馬場が使用していたドコモの携帯電話が一時的につながり、福島第一原発で働く知人から連絡が入った。

「どうも第一原発が危ないようだ」とその知人は慌ただしく馬場へ伝えた。「発電所の幹部が『爆発するかもしれない』と言っている」

「爆発？」

「町民はできるだけ遠くに逃がした方がいい」

その忠告を受けて馬場は改めて災害対策本部会議を開き、状況がさらに悪化する可能性を考慮して、町民を政府の避難指示の二倍にあたる、原発から二〇キロ以上離れた町西部の津島地区に避難させることを再議決した。

三月一二日午前八時四〇分、町の総力を挙げたバス三台による町民の避難輸送が始まった。高齢者や障害者のいる家庭、避難所となっている体育館を優先的に回り、一人ひとり確認しながら避難用バスに積み込んでいく。

午後三時、馬場は全町民の避難完了を見届けてから自ら町役場に鍵をかけた。津島地区に向かう前に自宅に立ち寄ると、玄関の扉に「避難済み」の紙が貼られており、家族全員が無事どこかに避難できたことを知った。

避難先の津島地区には愛車の三菱ランサーに乗って一人で向かった。周囲の状況を確認するために窓を全開にして低速運転を続けていると、午後三時三六分、南東の方角からジェット機が墜落したような爆発音を聞いた。

「まさか……」と馬場は一瞬背筋がこわばった。「原発が爆発したのか？」

次の瞬間、ハンドルを持つ手が急にブルブルと震え始めた。

第六章

ある町長の死 II

29

福島県浪江町長・馬場有への二回目の口述筆記は最初の面会から七日後の二〇一八年四月一三日に実施された。

冒頭、私は陽《ひ》のあたる明るいリビングで前回撮り忘れていた馬場の肖像写真を撮影させてもらった。馬場は比較的体調が良かったせいもあるのだろう、私がカメラのファインダーをのぞいている間、自らの生い立ちや人生の節目で出会った人々、町長になってからの町職員や住民との交流について――まるで理髪店の客が散髪中に理容師に語りかけるような気軽さで――饒舌《じょうぜつ》に語った。

「私は家族に恵まれてね」と馬場は微笑みながら嬉しそうに話した。「妻は（宮城県の）塩竈《しおがま》から嫁いできた人で、叔父が良い人がいると言うので二六歳のときに見合い結婚をしました。子どもは一女一男。今は孫が五人もおります。家が酒屋を経営していたので、いつかは商売人にならなくてはいけないと思っていたのですが、地元に帰ってきて青年会議所――今で言うＪＣですね――の活動を始めてみたら、これが面白くてね。

それが政治の道に入るきっかけでした。若いときは寝ても覚めても野球、野球で、社会に出てからもずっと野球を続けていたから、体力だけは人より自信があったのですが……。今、こんなふうにガンを患い、自分としては悔しいというか、不甲斐《ふがい》ないというか」

そう言うと心から無念そうな表情でレンズを見つめた。

30

東日本大震災翌日の三月一二日、馬場が避難先である浪江町西部の津島地区に到着したのは午後六時過ぎだった。通常であれば、浪江町の中心市街地から三〇分前後で来られる距離だったが、国道１１４号が避難の車で大渋滞を起こしており、到着するまでに三時間以上もかかってしまった。

新たに災害対策本部が設置されることになった浪江町役場津島支所に入ると、携帯電話は依然不通のままだったが、電気は辛うじて通電していた。講堂に置かれた旧型のブラウン管式テレビは福島第一原発の1号機が何らかの爆発を起こした可能性があるというニュースを繰り返し流していたが、1号機から立ち上るその爆煙はかつて記録映像で見た原爆のキノコ雲のようではなく、左右に押し潰された、まるで「ボタ餅」のような形に見えた。もしそれらの映像が現実であるとするならば、大量の放射性物質が外部へと放出された可能性が否めない。津島支所から福島第一原発までの距離は約三〇キロ。それが近いのか遠いのか、危険なのか安全なのかさえ、馬場自身にはわからなかった。

災害対策本部に到着して真っ先に取り組んだのは、津島地区に避難してきている住民の数の把握だった。今後どれだけ続くかわからない避難生活で、住民の数がつかめなければ、必要な毛布や食料といった災害救援物資の確保さえままならない。

町職員が手分けして調べたところ、全町民約二万一〇〇〇人のうち約八〇〇〇人が津島支所周辺の公共施設や民家などに身を寄せていることがわかった。馬場はそれらの数を考慮に入れて、まずは周囲の農家から食料を供出してもらい、その夜は塩で握っただけの小さなおにぎりを一つずつ避難している住民に配ってもらった。消防団には小学校の校庭にトイレ用の穴を男女別にそれぞれ二つずつ掘ってもらい、町職員には辛うじてガソリンが残っていた町の公用車で福島県庁へと向かわせ、今後必要になってくるだろう、衛星携帯電話や灯油、乳幼児用の紙おむつや生理用品などの必需品を調達してくるよう指示を出した。

その夜は津島支所の講堂に段ボールを敷いて町職員たちと一緒に眠った。体はボロボロに疲れ切っているはずだったが、精神が興奮して眠ることができない。町職員も皆、同じような心境らしかった。誰もが無言でまぶたを閉じているものの、寝息やいびきの類いが耳に届かない。

夜が明けると、馬場は浪江町議会議長の吉田数博と一緒に住民が避難している約二〇カ所の公共施設の視察に出かけた。

まるで「おわび行脚《あんぎゃ》」だった。行く先々で町民から激しく憤慨され、罵倒された。

「おい、町長、俺の家、どうしてくれるんだ！」「沿岸部にはまだ救助されてない身内がいるぞ！」「貴様、原発はあれほど安全だと言っていたじゃないか！」

長い付き合いの近隣住民や選挙でお世話になった支援者までもが無慈悲な言葉を使って馬場を詰《なじ》った。

大半の町民が着の身着のままで避難してきたために現金を持ち合わせていない。車で町外に移動したくてもガソリンがない。ましてや東北の三月の公共施設の冷たい床でお年寄りたちが満足に眠れるはずもない。

避難住民たちの怒りは仕方のないものではあったが、馬場は内心、人はここまで無情になれるものなのかと頭を下げ続けながら憔悴《しょうすい》した。泣きたい気持ちは自分だって同じだ、この小さな田舎町の首長に、一〇〇〇年に一度といわれる大災害の損害を救済できる力などないことは、誰が見たってわかりきったことじゃないか……。

「変な格好で周囲を歩いている人がいる」

そんな奇妙な通報が複数の避難住民から災害対策本部に寄せられてくるようになった

のは一三日の午後だった。自ら出向いて見に行ってみると、原発事故の防災訓練で見かけたような大がかりな防護服を着た男たちが十数人、津島地区の周辺で放射線量を測定している。文部科学省から委託された調査員のようだったが、福島県警の警察官も含まれていた。

「そんな服を着てここで活動するのはやめてもらえませんか」と馬場は自らの身分を明かした上で警察官とみられる防護服姿の男たちに申し出た。「我々は皆、無防備なんです。町民が怖がっているのです」

しかし、どんなにお願いをしても、男たちは「(組織の)上を通してください」と言うだけで、要請を聞き入れてはくれない。

彼らの頑《かたく》なな態度を見て、馬場の胸に嫌な予感が宿った。

〈もしかすると、この地域はすでに放射性物質で汚染されているのではないか――〉

そして残念なことに、その予感は半ば的中していた。

福島第一原発の事故によって放出された大量の放射性物質は三月一五日、巨大な雲(プルーム)となって北西方向に流れ、二〇キロ以上離れた浪江町津島地区の上空で、抱え込んでいた「猛毒」を雨や雪と共に地上へと落とした。浪江町長である馬場は結果的に浪江町民をあえて被曝する危険性のある地域へと避難させてしまっていたのだ。

そして、国や福島県はそれらの汚染を――つまり、浪江町民が避難していた津島地区が極度に汚染される可能性を――事前にコンピューター・シミュレーションで察知していた。日本政府が約一三〇億円の巨費を投じて開発したシミュレーション・システム「SPEEDI」（スピーディ）。原発事故対策の切り札として期待されていたその危機管理システムは大量の放射性物質が津島地区に飛散する可能性を予測していた。しかし、国は「住民がパニックに陥る恐れがある」という理由でそれらのデータを浪江町には示さず、福島県も国から電子メールで結果を受け取りながら浪江町には伝えなかった。

五月下旬、原発事故から二カ月も遅れて福島県の担当者が「SPEEDI」の拡散予測を浪江町に伝えなかった事実を報告しに来たとき、馬場は、泣きながら謝罪する担当者に向かってこう詰め寄っている。

「放射能の汚染予測がわかっていたら、私は決して町民を津島地区には逃がさなかった。あのとき、避難所の外ではたくさんの子どもたちが遊んでいた。あなた方の行為は、あるいは『殺人罪』にあたるのではないですか――」

津島地区での避難生活が三日目を迎えた三月一四日、福島第一原発では1号機に続き、今度は3号機が水素爆発を起こした。約三〇キロ先で起きている原発事故は収束するどころか、むしろ拡大しているように馬場の目には映った。災害対策本部は直後から「このまま津島地区にいても大丈夫なのか」という町職員や避難住民たちの声であふれかえった。

翌一五日午前六時、馬場は災害対策本部会議を開いて現在避難している津島地区を離れ、原発からさらに遠く離れた安全な場所に再避難することを決めた。会議では宮城県や新潟県が新たな避難先の候補として上がったが、協議の結果、遠方になると住民を移すためのバスの確保が難しくなるとの理由から最終的には近隣の福島県二本松市に落ち着いた。

午前六時半、馬場は秘書係長が運転する消防団の赤い消防車に乗って福島県中部にある二本松市の市役所を目指した。市長室に駆け込むと、待ち受けていた市長の三保恵一に向かって一心不乱に頭を下げた。

「浪江町の町民を二本松市内に避難させたい。雨風をしのげる場所を貸してください」

「わかりました」と三保は心配そうに応じた。「さしあたって何人分必要ですか？」

「八〇〇〇人」と馬場は言った。

「八〇〇〇人！」と三保はその数のあまりの多さに驚いて聞いた。「いつからでしょうか？」

「できれば、今日から」

「今日……」

頭を上げようとしない馬場に対し、三保は市の職員に向かってどの施設なら開放できるか、すぐに検討するよう指示を出した。十数分後、「市東部の東和支所であれば、なんとか避難先として開放できそうです」との報告が寄せられると、馬場は三保に深々とおじぎをしたまま市長室を飛び出した。

午後、浪江町民による前代未聞の「町外脱出」が始まった。

約二万一〇〇〇人の町民が生まれ育った家や思い出の土地を捨てて「町外」へと逃げる。馬場は自分の三菱ランサーに乗って新たな避難先となる二本松市へと向かった。

「お恥ずかしい話ですが」と馬場は一度だけ、私の取材に涙を見せた。「避難の途中、道路脇の『ここから二本松市』という標識を見て思わず涙が出ましてね。震災後、そんな気持ちになったのは初めてでした。町長が、町民が、町役場が、『町外』に逃げる。本当にそんなことがあっていいのか。当時、まだ津波の被災地には多くの負傷者が残されていました。そんなことを考えていると、今自分が行っていることが本当に正しいのかどうか、私自身わからなくなり……」

六九歳の首長は手元にあったハンカチで何度も目元を押さえながら、オロオロオロオロと静かに涙を流し続けた。

31

二本松市が浪江町民のために開放した二本松市役所東和支所は、浪江町から阿武隈《あぶくま》山地を越えた反対側の山の麓にあった。馬場は東和支所に到着すると、真っ先に使用を許可された二階を見て回り、「大変恐縮ですが、電話回線をあと数本引いてください」と支所の責任者に願い出た。支所の二階には電話回線が数本しかなかった。馬場がそのとき欲していたのは「場所」以上に「情報」だった。

翌三月一六日には、東和地域で暮らす市民が総出で避難してきた浪江町民のために温かい味噌汁《みそしる》などの炊き出しを作ってくれた。しかし、町職員たちは町民の目を気にしてか、炊き出しの列に並ぶことができない。一部で風呂も開放されたが、やはり町職員は入ることができなかった。

馬場はまずは町役場の業務に必要な文房具を揃えようと、副町長と車で福島市内へと出向き、東邦銀行の自分の口座から一五〇万円を引き出して、「これで文房具を買ってください」と全額を副町長に託した。副町長はその足でメモやボールペンなどの筆記用具を買いに行き、購入した筆記用具を職員たちに配った。

東和支所に避難先を移した後も、馬場は二本松市内の保養施設に移るまでの約一カ月半の間、会議室に段ボールを敷いて町職員たちと一緒に眠った。戦争経験のない馬場にとって、それは初めて体験する苦難の日々だった。眠れない夜には、「父祖はこうやって苦難を耐え忍んできたのだ」と自分に言い聞かせて目を閉じた。

雪の夜はさらにやりきれない気分になった。

浪江町のある福島県沿岸部は海風に守られて雪が少ない。一方、福島県中部の冬は空全体が分厚い雲に覆われ、長く雪に閉ざされる。三月に降る「季節外れ」の雪を見るたびに、馬場は「本当に帰れるのだろうか」と望郷の念に駆られた。

その日も雪の夜だった。

東和支所に原発事故を起こした東京電力から「謝罪に伺いたい」との連絡が入った。

32

東京電力の幹部が東和支所に移設された浪江町の仮役場を訪れたのは、再避難してから約一〇日後の三月下旬だった。幹部は東和支所に姿を見せるなり、馬場に向かって「大変なことをしてしまい、本当に申し訳ありませんでした」と深々と頭を下げた。

「どういうことなのか、まずは説明してください」と馬場は爆発しそうな憤りを抑え、ひとまず相手の言い分を聞こうとした。「東京電力と浪江町は通報連絡協定を結んでいた、それはご存じですよね」

「はい」

「それなのに原発事故が起きたとき、東京電力からは浪江町に何一つ情報が寄せられなかった。結果、我々は震災の翌日に急遽避難を強いられ、まだ沿岸部に残っていたかもしれない町民の救助にあたれなかった。その責任を、あなた方はどのように考えておられるのでしょうか」

矢継ぎ早に質問を続ける馬場に対し、幹部はじっと下を見ているだけで何一つ具体的に答えようとはしない。ただ紋切り型の謝罪を繰り返すだけで、巧みに言質《げんち》を取らせないようにしていることが、その表情や言葉尻から手に取るようにわかった。馬場は、幹部は謝罪にやってきたのではなく、今後社長が謝罪に来るための「偵察」にやってきたのだとそのとき初めて理解した。

これでは埒《らち》が明かない――。

浪江町には東京電力と交渉しなければならないことが山のようにあった。津波で家を流された沿岸部の自然災害とは異なり、人間の手によって造り出された原発の事故は東京電力が生み出した紛れもない人災だ。見知らぬ土地で避難生活を続けている町民の当面の生活費の工面や、放射能汚染で使用不能になった家屋や田畑の賠償、被曝の不安や長期間粗末な施設で寝泊まりしなければならなかったことへの精神的慰謝料など、東京電力と具体的に協議をしながら詰めていかなければならない交渉事が文字どおり山積していた。

一方、時間は限られている。避難生活を続けるにも当面の資金が必要であり、避難者の多くは持病を抱えた高齢者でもあるのだ。

業《ごう》を煮やした馬場は下ばかりを見ている幹部に対し、当面の避難生活に必要な一定額の見舞金を浪江町に支払うことや、東京電力の社長自らが謝罪に来ることを要求した。

すると、幹部は「検討させていただきます」と緊張していた表情をわずかに緩め、

「他にも必要な物があれば、言いつけてください」と言葉をつないだ。

「それでは」と馬場は求めた。「避難所が寒いので、まずは暖房器具の寄贈をお願いします」

避難先となった公民館や小学校には暖房器具が少なく、お年寄りたちが寄り集まるようにして凍える夜をやり過ごしている姿を目の当たりにしていた。

その話を聞いて随行していた東電社員が幹部に歩み寄り、カバンから書面を取り出して幹部に手渡そうとした。

ところが次の瞬間、書面は社員の手から滑り落ち、馬場の足元にハラリと落ちた。

その書面を拾って見たとき、馬場は体中の血液が沸騰していくのがわかった。

《ストーブ＝大熊町、双葉町四〇台、浪江町五台……》

そこには福島第一原発の立地自治体である大熊町や双葉町と比べて大きく台数を減らされた、浪江町用の支援物資案が記されていた。

「あなた方はいつだってそうだ」と馬場は抑えきれない怒りをかみ殺すように震えながら言った。「原発が立地している地域にしか意識が向かない。今回の事故の最大の被害自治体は大熊町や双葉町じゃない。双葉郡最大の人口二万一〇〇〇人を抱える、我が浪江町ではないのですか――」

幹部が訪れてから数日後、東京電力は原発事故によって避難を強いられた近隣の一〇市町村に一律二〇〇〇万円の見舞金を送ることを決めた。しかし、馬場はその見舞金の受け取りを最終的に拒否した。

馬場はその理由を私の口述筆記に次のように語った。

「もちろん、喉から手が出るほど欲しいお金でした。でもいろいろ考えて、結局受け取ることができませんでした。東京電力の言う『一律』は、私たちにとってはまったく『公平』ではなかったからです。見舞金が支払われる一〇市町村には人口約一五〇〇人の葛尾村《かつらおむら》も含まれている。同じ二〇〇〇万円でも、人口二万一〇〇〇人を抱える浪江町では町民一人あたり一〇〇〇円弱にしかならない。本来なら被災した一人ひとりに同じ額が行き渡らなければならないお金です。私たちは受け取ることができませんでした」

見舞金の受け取りを拒否したのは一〇市町村中、浪江町だけだった。

33

東京電力の社長・清水正孝が福島県二本松市に避難している浪江町の仮役場を謝罪に訪れたのは五月四日、原発事故の発生から約二カ月も後のことだった。

馬場はこの日が来るのを心の底から待ちわびていた。言いたいことも、決めなければならないこともたくさんある。でも、馬場はそれよりもまず、今後交渉に臨むことになる加害者側のトップに今被災者が置かれているこの現状を自らの目で見て欲しいと願っていた。

故に、清水が東和支所に到着するなり、馬場は自ら会議室へと案内し、「私は今もここに段ボールを敷いて寝ているのです」と部屋の一角を指差してから会議室のテーブルへと導いた。そして事前に準備していた通り、「まずは賠償補償を速やかにやっていただきたい。我々は全員失業者なんです」と一番深刻な賠償の問題から切り出した。

清水は神妙な顔つきで「皆さんが故郷に戻っていただけるよう、全力を挙げて取り組んでいきます」と予定調和的なコメントを粛々と述べた。

馬場はその「粛々さ」が不満だった。すべてが形式的で、どこか他人事《ひとごと》のような印象を受けた。

「いつも言葉ばかりじゃないですか」。馬場が小さくそう言うと、周囲の随行員が身を固くするのがわかった。「何が周辺市町村との共立だ。いつだって言葉ばかりだ」

それから数十分間、馬場は必死になって今後の賠償の進め方や避難町民への支援策など、清水に具体的な対応を求め続けた。しかしどんなに要請を重ねても、清水は最後まで自分と目を合わせようとはしない。いくら原発事故後に浪江町に連絡を入れると定めた通報連絡協定が守られなかったと主張しても、自社の落ち度を認めない。「大変申し訳ありません」「現時点ではお答えいたしかねます」と表面上の謝罪や釈明を繰り返すだけで、ただ決められた時間が通り過ぎるのを待っているだけのように感じられた。

「なぜですか？」と馬場は目の前に座る東京電力の社長に最後に尋ねた。「あれほどの大事故を起こし、口では謝罪の言葉を述べておきながら、社長のあなたが具体的な補償も、賠償も、支援の額さえも口にできない。東京電力は住民からほぼ一方的に電気料金を徴収しておきながら、国に面倒を見てもらえなければ、何一つ自分たちでは決められないのですか――」

そのときだった。会議室の扉の向こう側で大きな声が響いた。

「東電の社長、出てこい！」

廊下の様子を見に行った町職員が慌てて戻り、馬場に小声で報告をした。

「扉の向こうで住民が集まっています」

その一言に会議室の空気が凍り付いた。清水の来訪を聞きつけたメディア各社が会議室の前に張りついているため、住民たちも異変に気づいて続々と集まってきているらしかった。

予想外の出来事に驚いた清水は随行の東電社員と小声で会話を交わした後、「それでは我々はここでおいとまいたします」と頭を下げて会議室を出て行こうとした。

その直後だった。

「ちょっと待ってください！」

女性の声が廊下で東京電力の一行を呼び止めた。津波で家族を亡くしたと聞かされていた女性だった。

「町民に謝らないで帰るのですか！」

その言葉に射抜かれたように、清水は動けなくなった。今度は取り囲んだ群衆の後ろから男性の罵声が飛んだ。

「清水、土下座しろ！」

清水は呆然となりながら、次の瞬間、住民の前でガクリとひざを折った。テレビカメラが東京電力という巨大組織のトップの歪《ゆが》んだ表情を追う。清水は糸がもつれた操り人形のように、力なく自らの額を地面へと押しつけた。

「申し訳……ありませんでした……」

所々で声が途切れ、最後は言葉にならなかった。

馬場はその凄惨な光景を傍らで見ていた。

胸が張り裂けそうだった。嘔吐《おうと》しそうなほど、感情が乱れていた。

東京電力は憎い。憎くて、憎くて、仕方がない。

だが一方で、住民や部下に取り囲まれ、カメラの前で土下座させられる清水の姿は、同じ組織の長として、あまりにも哀れで、無残に感じた。

「これが」と馬場は胸の底で思った。「組織の長として責任を背負うということの必然なのか――」

気がつくと、両手の平に爪が深々と食い込んでいた。

第七章

ある町長の死 III

34

三回目の口述筆記は二〇一八年四月一八日に行われた。真冬に逆戻りしたような冷たい雨の降る水曜日だった。

冒頭、私はいつものように馬場とリビングでゆず茶のような柑橘《かんきつ》系のお茶を味わいながら、今回は少し趣向を変えて、彼が震災当時、災害対応にあたった民主党政権にどのような感情を抱いていたかという若干政治的な部分に踏み込んで質問を続けた。原発事故の当事者である被災自治体のトップが当時の政権運営にどのような感情を抱いていたかということは、今後原発事故を検証する上で貴重な資料になるのではないかと考えていた。

馬場の属人的な立ち位置から見ても、一連の質問に対する回答は興味深いものになりそうだった。彼自身は自民党の公認を受けて県議での当選を重ねた「自民党」の政治家である。一方で、原発事故後には国や東京電力の対応を厳しく追及し、そのスタンスから常に「民主党的な」と言われ続けた首長でもあった。どんな答えが出てくるか、期待しながら待っていると、彼はそんな私の反応を楽しむように、いつもより時間をかけて言葉を選んだ。

「原発事故の対応にあたった民主党政権だけでなく、その後を引き継いだ自民党政権についても、彼らは結局、常に『東京』を見ていたような気がします」

「福島ではなく？」

「ええ、その通り、福島ではなく」と馬場は少し淋《さび》しそうな表情になって言った。「もちろんあれほどの大災害ですから、誰がやってもうまくいかないのは当然だったと思います。でもそれらを差し引いたとしても、当時の民主党政権は運が悪かったというか、災害対応には非常に向いていなかったと私は思います。民主党の方々は議論が好きでかつ上手なのですが、どうしても実行力や決定力に欠けるところがある。それが今回の原発事故では負の方向に働いてしまった、というのが私の見方です」

私は元来、支持政党を持たない。ただ黙って頷きながら馬場の話の続きを待った。

「被災した自治体には当時、国に決めてもらわなければ、前に進まないことがたくさんありました」と馬場は当時の状況を振り返った。

「例えば『仮の町』構想。福島県内のゴルフ場に仮設住宅を造ってそこに『仮の町』を造れないか――今考えると嘘のような話ですが、当時は本当にそんな案もあったのです。浪江町は○○ゴルフ場、大熊町は△△ゴルフ場といった具合に、住民たちが県内各地のゴルフ場に分散して『仮の町』を造る。ゴルフ場としても当面はコースとして使えないといった事情があったんでしょうね、結構売り込みがあったのです。でも、政府の方針がなかなか定まらない。除染をして住民を故郷に戻すのか、『仮の町』を造って住民をそこに一時的に住まわせるのか。まったく判断ができないのです。仮設住宅を早く造ってくれ、賠償はどうするんだ。何を聞いても、何度聞いても、『検討しています』の一点張り。こちらとしてはただ業を煮やすだけでした」

馬場はそこで気持ちを落ち着かせるようにゆっくりと手元のお茶を口に運んだ。

「一方で、自民党が政権を取ったからといって――正直に言えば、私はかなり期待していたのですが――『情報』が我々のもとに降りてくるということはありませんでした。今も当時も、我々は『情報』を常に新聞やテレビで知るのです。政府はその反応を見て――あるいは世論調査的なアドバルーンを見て――具体的に政策を推し進めていくという手法をとっているようでした。私たちは実際に現場を預かる者として、住民の声を聞き、それを政府に陳情します。でも、政府は我々には何も教えない。方向性さえ示さない。それである日突然、新聞やテレビでただ結果だけを知るのです。住民はどう思いますかね。政府がやってくれた、地元の自治体は何をやっているんだと思うのではないですかね。我々は『我々の意見を聞いてくれ』『協議した上で決定してくれ』と何度もお願いしましたが、それらの要望が聞き入れられることはありませんでした。それが中央集権国家であると言われれば、その通りなのかもしれませんが、我々にとって『東京』はいつも遥か遠くに感じられる存在でした」

35

馬場が被災地の窮状を直接政府へと訴えるため、東京の首相官邸に乗り込んだのは二〇一一年五月一〇日だった。東北新幹線がまだ復旧していないと聞いていたので（著者註《ちゅう》・これは馬場の勘違いか記憶違いで実際には四月二九日に全線再開している）、町の消防団が所有している赤い消防車に乗って永田町《ながたちょう》まで出かけていった。

馬場の証言によると、総理大臣である菅直人への陳情は極めて「残念」なものだった。執務室の隣の長いテーブルのある応接室に通され、菅に面会こそできたものの、会話はまったくと言っていいほど噛《か》み合わなかった。菅はよほど疲れていたのだろう、馬場が何を尋ねても「はあ、はあ」と返事をするだけで、目が泳いでしまっている。馬場は「自分が話したことは何一つ伝わっていないのだろうな」と失意を抱えて官邸を後にした。

ところが、時間を浪費しただけのように思えた東京出張がその後、馬場の意識を根底から変えた。馬場は私の口述筆記に当時の心境を「中央の現実を知って逆に力が湧いてきたのです」と証言している。

東京へと向かう前日、馬場は寝泊まりしていた二本松市内の保養施設の便箋にこれから町が取り組むべき課題を自ら手書きし、その文書を総務課に頼んで自身の東京出張中に職員全員にコピーして配ってもらっていた。

タイトルは「暗中八策」。敬愛する坂本龍馬の「船中八策」を模したその文面には、生活支援の充実や経済生産活動の支援強化など今後の復興の骨子となる重点的な政策が箇条書きされていた。

直後、それまで重苦しい雰囲気に包まれていた浪江町の仮役場に微《かす》かな変化の兆しが現れ始めた。文書を受け取った町職員たちが片足をグッと一歩前に踏み出したように感じられたのだ。

不思議なものだな、と馬場はその変化を見て喜んだ。公務員は普段自主性がないと批判されがちだが、一度方針が示されるとおのおのが自分の役割を正確に理解し、計画を着実に前に推し進めようとする。それはこの国の行政組織が持つ優秀さであり、何度戦災や震災を経験してもそのたびに立ち上がってきた粘り強さの証明でもあるように思えた。

国に頼れないのであれば、自分たちの手でやるしかない。

そう実感した馬場は以後、本来国や県がやるべき施策に町独自の裁量で乗り出していく。

例えば、放射線量の測定。浪江町は二本松市中心部に仮役場を移した直後の六月には早くも、町独自で町内の放射線量の測定に着手している。町内のどこが放射線量が高く、どこなら安全に活動ができるのか。まずはその「地図」を町で自主的に作成しようと考えたのだ。それは震災直後、「ＳＰＥＥＤＩ」の放射性物質の拡散予測データを知り得ていながら町に伝達しなかった、国や県に対する不信の裏返しでもあった。

町民の健康管理にも町独自で乗り出した。専門家から内部被曝を把握するには「ホール・ボディ・カウンター」という特殊な装置で検査する必要があると指摘されると、馬場はその場で購入を即決している。「予算はどうしますか」と心配する随行職員に、「そんなものは後で国に請求書を回せばいい」と笑いながら切り捨てたという町職員の証言が残っている。

仮設住宅への入居が始まると真っ先に現場へと赴き、その劣悪さに頭を抱えた。多くの町民の避難先となった二本松市内は冬の寒さが特に厳しい。にもかかわらず、仮設住宅の壁や床には断熱材が入っていないか、入っていても福島の真冬をしのげるような代物ではとてもなかった。冬場に洗濯物を干す場所もなく、風呂に追《お》い焚《だ》き機能もついていない。

「なぜだ――」

馬場は仮設住宅の取材に駆けつけていた報道陣の前で声を荒らげた。この国は阪神・淡路大震災や新潟県中越《ちゅうえつ》地震などこれまでに何度も大きな震災を経験している。なのになぜ、仮設住宅がこんなに劣悪なまま改善も改良もされていないのか。

その原因の一つはきっとこの国の官僚機構、もっと踏み込んで言えば、責任の所在を決して明確にしないこの国の役人たちの玉虫色的な無責任さにありそうだった。各官庁内では毎年のように担当者が入れ替わり、現場の経験や失敗が組織内でうまく引き継がれない。すべてを組織で対応しようとするあまり、前例踏襲と責任逃ればかりが横行してしまい、担当者の当事者意識がどうしても希薄になってしまうのだ。

国や県に対応を願い出ても状況が一向に改善されない中で、馬場は町職員全員に町独自で何ができるのか、その具体案を積極的に提案してもらい、実現化していく方策をとった。

その裏で悩みの種だったのが国会議員たちの来訪だった。彼らは昼夜を問わず、与党も野党も、町側の都合を一切無視した形で浪江町の仮役場にやって来た。国民の代表が来るともなれば、自治体職員は襟を正して対応にあたらなければならない。本来必須ではないはずの「業務」に町長も町職員も振り回され、時間と体力を著しく浪費した。どんなに誠実に対応しても、町側の陳情が取り上げられることはほとんどなく、多くの場合、プレハブの仮庁舎の前で馬場と一緒に撮影した記念写真が数日後、彼らのホームページに掲載されるだけだった。

陳情と説明。葛藤と失望。

そんな日常が実に六年間も繰り返されたのだ。

36

六年に及んだ浪江町の全町避難の中で、馬場が最も力を入れた施策の一つが原発事故を起こした東京電力に対する浪江町民への賠償請求だった。二〇一三年五月、馬場は全国で初めて自治体が住民の代理人となり、原発事故による慰謝料の見直しを求めて原子力損害賠償紛争解決センターに東京電力との和解の仲介を申し立てたのだ。人口約二万一〇〇〇〇人の約七割にあたる約一万五〇〇〇人が申し立てに加わり、その後の政府や東京電力を取り巻く世論や賠償制度自体のあり方に極めて大きな影響を与えた。

馬場はその申し立ての中で、まず第一に「東京電力は法的に原発事故の責任を認め、正式に謝罪して欲しい」と強く求めた。

この国における原子力事故の賠償制度は多くの欠陥を内包している。馬場はその最大の原因を「無過失責任主義」と呼ばれる制度自体の建て付けにあると考えていた。

日本では原子力災害が起きた場合、加害者側の過失の有無にかかわらず、加害者が即座に被害者に賠償金を支払うよう定められている（無過失責任主義）。一見、被害者が迅速に賠償を受けられるよう、被害者の立場に立って設計されているように見えるその制度は、裏を返せば、賠償さえ済ませてしまえば、加害者は事故を起こした責任を追及されずに済むという、加害者側にとって極めて都合の良い制度になっている。故に馬場は申し立ての中で、事故を起こした東京電力に「まずはしっかりと責任を認めて謝罪して欲しい」と訴えたのである。

加えて、事故における被害の大きさを加害者側が決めていることも問題だった。今回の原発事故では、国の原子力損害賠償紛争審査会（原賠審）が賠償の中間指針を作成し、東京電力がそれに従って賠償金を支払う仕組みが採用された。しかし、原賠審は中間指針を策定する際、一度も現地調査をすることなく、被害の大きさを見積もっているのだ。

それらはつまり、生業《なりわい》訴訟弁護団で事務局長を務めた弁護士の馬奈木《まなぎ》厳太郎《いずたろう》に言わせれば、次のような「笑い話」になりそうだった。

「例えば、あなたが車を運転中に後ろからトラックに追突されたとする。相手の運転手がトラックを降りてきて状況も見ずに、『運転手のあなたは被害者だが、助手席の人は被害者ではない』『後部座席の右側の人には治療費を全額払うが、左側の人には八万円だけね』と言い始めたら、誰だって怒るでしょう?」

馬場は原賠審が中間指針で一人月額一〇万円とした精神的な慰謝料を「あまりにも少なすぎる」と主張し、これらの額に一人月二五万円を上乗せして支払うよう東京電力に求めた。申し立てを受けた紛争解決センターはすぐさま現地視察や被災者への聞き取り調査に乗り出し、二〇一四年三月、「(月一〇万円では)人生設計の見通しを立てることが困難だ」として一人に原則月五万円を増額して支払うよう、東京電力と浪江町にそれぞれ和解案を提示した。

しかし、東京電力はこれらの和解案を「国の指針から乖離《かいり》している」と拒否。二〇一五年一二月に紛争解決センターが再度、和解案を受け入れるよう勧告書を出してもこれに応じず、二〇一八年四月、手続きは最終的に打ち切られてしまう。

打ち切りの通告の日は偶然にも、私の最初の口述筆記の日と重なった。

「これが現実です」と連絡を受けた馬場は折りたたみ式の携帯電話を握りしめながら私に言った。「東京電力はいつだってそうです。守りたいのは自分たちの組織だけ。口では『被災者に寄り添う』なんて言うけれど、彼らはそんなこと、これっぽっちも考えていない」

浪江町の慰謝料の見直しを求める闘いは二〇一八年秋、町民一〇九人が東京電力と国を相手取り、約一三億円の支払いを求めて福島地裁に提訴するまで続いた。

37

避難生活の中で馬場が政治生命を賭けて取り組んだテーマがもう一つある。記憶の継承である。

浪江町は震災直後、国や東京電力から何一つ情報が寄せられず、原発事故への対応が大幅に遅れてしまった。日頃から電力会社とのつながりが強い「原発立地自治体」とは異なり、その周辺に位置する「原発周辺自治体」にはどうしても、有事の際に国や電力会社から緊急の連絡が入りにくいという弱点がある。馬場は浪江町と同じ境遇にある全国の「原発周辺自治体」からの視察を積極的に受け入れたり、各地を講演で飛び回ったりして自らの負の体験を引き継ぐことで、全国の「原発周辺自治体」に存在している原発事故時の避難計画をもう一度見直してもらおうと考えたのである。

ところが二〇一三年九月、講演で訪れた中部電力浜岡《はまおか》原発の周辺自治体である静岡県牧之原《まきのはら》市で思いも寄らぬ経験をする。

馬場が講演で浪江町の現状を伝えた直後、市の幹部が登壇し、会場の来場者に向かってこう問いかけた。

「皆さん、どうでしょう。浪江町のようになる覚悟はありますでしょうか——?」

その言葉に、馬場は真っ赤に熱せられた鉄の棒を胸に押しつけられたような痛みを覚えた。「言い過ぎじゃないか」と思った。でも同時に「言われてみれば、確かにそうだ」とも感じた。

震災後はあまり語られなくなった事実だったが、実は浪江町もかつては町内に原発を誘致していた。

建設を目指した東北電力の浪江・小高原発。

財政的に豊かになった近隣の「原発立地自治体」をうらやみ、浪江町議会が原発誘致を議決したのは一九六七年。町はその後も国から誘致に伴う多額の交付金を受け取っていた。

馬場自身もかつては喉から手が出るほど原発が欲しかった。原発ができれば、町内に雇用が生まれ、財政は潤う。それまでの浪江町は、職場が町内にありながらも、町出身の若者が公共料金の安さや公共施設の充実を求めて隣の「原発立地自治体」に移り住み、そこから浪江町に通ってくるような典型的な貧しい「原発周辺自治体」だった。

果たして当時の自分にどこまでの覚悟があったか――。

原発の誘致決議が撤回されたのは、原発事故が起きた直後の二〇一一年一二月。建設計画はほぼ直前まで進められ、当時土地を売らずに残っていたのはわずかに二人だけだった。もし大震災の発生が十数年遅れ、町内に原発が完成した後で起きていたら、我が町は今頃どうなっていただろう。首都機能のある東京に本拠を置く東京電力とは違い、浪江・小高原発の運転を担う東北電力の本店はやはり被災地となった仙台市にあった。企業の規模も技術者の数も東京電力に及ばない東北電力で同様の事故が起きた場合、町内の原発は福島第一原発と同じ、いや、それ以上の状態に陥っていたかもしれないという確信が浪江町長の馬場にはあった。

結果、何が残ったか——。

安全だと信じ切っていた約八キロ先の福島第一原発は水素爆発を起こし、約一七〇〇人いた浪江町内の小中学生は今、全国六九九校に離ればなれになって暮らしている。津波の犠牲者は一八一人。その中には原発事故に伴う避難指示がなければ、救助できたはずの人も含まれていた。そして町域の八割が将来的にも住民の帰還の見通しが立たない帰還困難区域になってしまった。

「決して馬場さんだけじゃないんです」と馬場の死後、町長の椅子に座った吉田数博は私の取材に鼻の上に指をあてて言った。「過去のすべての町長が皆、ここまで原発の『安全神話』に漬《っ》かっていました。立派な公共施設などで絶えず財政的に豊かな隣の立地自治体と比較される。原発を欲するのは、いわば『原発周辺自治体』の宿命なのです」

38

馬場にとって最大の試練は二〇一七年二月、避難指示解除に伴う町民の帰還に関する決断だった。

私の口述筆記に次のような本音を漏らした。「私自身、原発事故後しばらくは『本当に戻れるのかな』と思っていましたからね。町内に戻っていいと言われても、本当に帰れるのか、多くの町民が不安に思うのは当然なのです」

二〇一七年一月、政府が三月末に浪江町中心部の避難指示を解除する考えを表明すると、馬場は真っ先に住民懇談会を開いて町民に政府の提案に応じるかどうかの意見を求めた。

町民の意見は割れた。

「一日も早く帰りたい」と賛成する人がいる一方で、「放射能が不安だ。帰還は時期尚早じゃないか」と反対する人が大半を占めた。町議会では「線量計をつけて帰るなんてモルモットのようだ」という意見まで飛び出した。

放射能に一度汚染された地域で再び安全に生活を送れるのか——。

馬場は苦悩しながら、それでも二〇一七年に入った頃からしきりに「町のこし」という言葉を使い始める。

「このままでは町がなくなってしまう」「町を残すためにはどうすればいいのか」

そして二月二七日、自ら浪江町議会で「六年間、誰もが思ってきたことは、浪江をなくしてはいけないといった願いだ」と宣言し、三月末に町内に帰還することを決断する。

直前、報道陣にこう語っていた。

「四年後にはなんとか五〇〇〇人の人口を確保したい。町を残して、帰れる人には帰っていただきたい。従前の生活には戻れませんが、一歩でも、二歩でも……」

その判断は正しかったのか――。

避難指示の解除から半年で町に帰還した人はわずかに約三八〇人。町内にはスーパーや病院はなく、新設された小中学校への入学希望者は一〇人に満たない。帰還住民のうち少なくない人が「こんなことなら戻らなかった」と嘯《うそぶ》き、その不満の多くは今、馬場町政への批判となって町役場に寄せられている。

「帰還の時期が早すぎたと思うことはありますか」

私が意を決して単刀直入に問うと、馬場は無言で首を振った。そしてしばらく時間をおいてから、童謡の一節をつぶやいた。

「山はあおき故郷《ふるさと》、水は清き……」

「もう一度聞きます」と私は胸に針のような痛みを感じながら、職業記者として同じ質問を繰り返さざるを得なかった。「町長として帰還の時期が早すぎたと思ったことがありますか」

私は馬場の答えを待った。

しかしいくら待っても、彼の口からその回答が語られることはなかった。

39

気がつくと、自宅の外で降り続いていた細やかな雨がいつの間にかやんでいた。雲の切れ目から夕日が差し込み、リビングに柔らかな長い影を落としている。

私は三回目の口述筆記がそろそろ終わりに近づいていることを知り、カメラや筆記用具をカバン代わりに使用しているリュックサックの中にしまった。夫人にお茶のお礼を言い、次回の面会日程の調整を切り出そうとしたときだった。馬場がふと思い出したように私に声をかけてきた。

「そういえば、三浦さんは福島に希望して赴任なさったとおっしゃっていましたね」

「はい」と私は若干曖昧に頷いた。

「それはどのような理由からだったのでしょうか」

私は一瞬回答に詰まった。できるだけ正直に答えるべきだと思ったが、そのためには相応の時間が必要だった。

「実は三月一二日、私は福島県内にいたんです」と私は自分の考えがうまくまとまらないまま事実だけを馬場に告げた。

「三月一二日というと……」

「そうです、震災の翌日。ちょうど福島第一原発の1号機が水素爆発した日です」

「どちらに？」と馬場は少し驚いたような表情で聞いた。「まさか浜通りでは？」

「いえ、違います」と私は正直に答えた。「二本松市です。でもその直後、私は福島を『離れ』ました」

東日本大震災が発生した翌日の二〇一一年三月一二日、私は所属する朝日新聞社の社有車に乗って東京都内から津波による甚大な被害が報告されていた宮城県南三陸町へと向かっていた。緊急通行車両証を提示して東北自動車道に飛び乗り、自衛隊車両の後を追いかけるようにして亀裂が走った高速道路を福島県中部の二本松インターチェンジ近くまで進んだとき、カーラジオが福島第一原発で爆発事故が起きた可能性があるとのニュースを伝えた。

「どうしますか？」とニュースを聞いた運転手が不安そうに後部座席の私に尋ねた。

「次の二本松インターで降りますか？」

運転手の声は明らかに否定を求めていた。私はしばらく目を閉じて考え、「いや、このまま宮城県に向かってください」と運転手に伝えた。運転席の背中が大きく息を吐き出すのが見えた。

当時、私は「原発記者」だった。本社の科学部にこそ所属していなかったものの、大学と大学院で化学を専攻したこともあり、地方では長く原発取材の担当を務めた。きっかけは二〇〇七年に発生した新潟県中越沖地震だった。その年の五月に新潟総局へと配属された私は、直後の七月に中越沖地震で世界最大の原発である東京電力柏崎刈羽原発で火災が起きたことを受け、新潟における二年の任期の大半を自然災害から原発をいかに守るかといった取材に費やすことになった。

当事者である東京電力や経済産業省、国際原子力機関（ＩＡＥＡ）への取材はもちろん、全国の原子力の現場を歩き回った。福井県敦賀《つるが》市の高速増殖炉「もんじゅ」や青森県六ヶ所村の「六ヶ所再処理工場」、深さ約一〇〇〇メートルの縦穴を掘って最終処分場の研究を続ける岐阜県瑞浪《みずなみ》市の「超深地層研究所」や電源三法交付金に頼りすぎて財政悪化に陥った福島県双葉町などを回り、一連の取材の成果を新潟県版の長期連載へとまとめた。

タイトルは「原発震災」。

巨大な自然災害に見舞われたとき、原発はいかなる状態に陥るのか。その具体例を提示したくて、世界に類似のケースがないか、海外のニュースや論文を読み漁《あさ》った。フランスでは一九九九年に南西部のルブレイエ原発が高波に襲われ、原子炉の冷却に必要な外部電源を失っていた。二〇〇五年には米ルイジアナ州のウォーターフォード原発がハリケーンに被災し、外部との通信が遮断されるという緊急事態に陥っていた。取材先のアポイントを取りつけて後輩をアメリカやフランスの原発事故の現場へと送り込み、それらの内容も取り入れて一〇〇回以上の企画へとまとめた。

そんな二年に及んだ国内外の取材で私が確信したことが一つある。それは——今考えればあまりに滑稽な——「日本の原発は多重防護で守られており、いかなる災害においても安全である」という政府や電力会社が作った「安全神話」だった。

何十回も原発の構内に入り、数百人の関係者から話を聞いた私は自発的に——あるいは洗脳的に——その「安全神話」を信じた。連載では海外の事例を用いて原発の脆弱《ぜいじゃく》さに警鐘を鳴らしつつも、心のどこかでは「事故など起きない」と信じ込んでいた。「海外の原発はいざ知らず、日本の原発は人的、物理的にも多重防護で守られている」と。

だから、津波被災地に向かう車の中で「原発爆発」のニュースを聞いたとき、私は真っ先に「きっと何かの間違いだろう」と疑った。「日本の原発は多重防護で守られている。新潟県中越沖地震のときと同じように、どうせまたどこかの配管や付随施設が破損して火災を起こしているだけだろう」と。だからこそ、私は不安そうに尋ねる運転手に迷わず「このまま宮城県に向かってください」と告げることができたのだ。

私は今、あるいは原発取材に携わっていた多くの報道関係者が当時、私と同じ心境にあったのではないかと推察している。保守かリベラルかを問わず、我々は紙面や番組の中でこそ原発の危険性を指摘する一方で、誰一人、日本の原発がチェルノブイリ級の事故を起こすことなど想定していなかったのではなかったか。

原発事故の後、同僚の一人が私に言った。

「まさか、海外の事例で指摘したような事故が本当に日本で起こるとは思わなかったよね。そういう意味では、我々メディアも今回の原発事故の『共犯者』なのかもしれない……」

原発を称賛する一部のメディアとは一線を画し、私自身は原発の危険性を警告することで電力会社に自然エネルギーへの転換を迫り、既存原発のより安全な運転に寄与することができるのではないかと考えていた。その一方で、それらの警告の先に具体的な危機をどこまで見据えることができていたかと問われれば、私にはまったくと言っていいほど自信がなかった。

おそらく、私はあのとき「逃げた」のだ。福島からも、原発記者であるという自覚からも。以来、私はずっとこの地に対する後ろめたさを――あるいは裏切りのようなものを――心の中に抱きかかえながら生き続けてきた。

「そうでしたか」と話を聞き終えた馬場は思い詰めたような声で私に言った。「事情をお聞かせいただき、ありがとうございました」

そしてそれが、私が彼と交わした最後の会話になった。

40

浪江町長・馬場有の葬儀は最後の口述筆記から約二カ月半後の七月三日、彼が町長を務めた浪江町ではなく、北隣の南相馬市の斎場で催された。原発事故に伴う避難指示の解除から約一年三カ月。浪江町内にはまだ営業を再開した斎場がなかった。

気温三一度。例年であれば冷涼な海風が吹き抜ける福島県沿岸部の路面には逃げ水が浮き、強烈な太陽光に照らされて白く見える街の中を黒塗りの霊柩車《れいきゅうしゃ》が駆け抜けていった。出棺の瞬間、静寂の中でクラクションの音を追うように斎場に詰めかけた約一〇〇〇人の浪江町民から「町長、ありがとう」との声が上がった。

享年六九。五月に容体が急変し、町議会には六月末付での辞表を提出していたが、その期日を待たずに現職町長のまま逝った。

私は結局、彼の口述筆記を完遂することができなかった。

当初、四回目の口述筆記は四月二三日に予定されていた。しかし、前日になって馬場から「体調が優れないので日程を変更させて欲しい」との連絡が入り、面会は二日後の四月二五日へと延期された。二五日はキャンセルの電話すらなかった。馬場の携帯電話を鳴らしても応答がなく、数日後、「面会の日程についてはこちらから連絡させてください」というショートメールが一方的に届いただけだった。

面会はその後幾度も延期され、なかなか実現しなかった。馬場自身がどのように原発誘致に関わっていたのか。原発事故後、国や東京電力と水面下でいかに駆け引きをしたのか。聞きたいことは山ほど残っていたが、詳細を聞き取ることは難しくなってしまった。

馬場の死後、彼の長男が当時の病状を次のように説明してくれた。

「実は父は二〇一四年春に体調不良で入院した時点ですでに悪性の胃ガンでした。胃の三分の二を摘出し、抗ガン剤治療を続けながら——周囲にガンである事実を隠して——公務を続けていたのです。二〇一七年冬に胃ガンが再発し、腸に転移して腸閉塞で再入院したとき、医師からはこのまま治療を続けるか、終末期医療に切り替えるかの決断を迫られていた。三浦さんの口述筆記を受け入れたのは、父が入退院を繰り返していた、そのわずかな期間にあたります」

私が最後に馬場の肉声を聞いたのは六月四日。その前日に彼が後援会の幹部に辞意を漏らしたと聞き、慌てて携帯電話に確認の連絡を入れたときだった。

「事実関係はそれで結構です」と馬場は携帯電話越しにかすれた声で私に答えた。「今は体調が優れず……町政を担えないと」

そして、最後に苦しそうにこう付け加えた。

「三浦さんとの口述筆記、続けられずに申し訳ありませんでした……」

馬場が死去したのはその約三週間後の六月二七日だった。福島市内の総合病院の病室で午前九時三〇分、医師により死亡が確認された。

「馬場町長が亡くなったみたいです」

私に第一報を伝えてくれたのは、浪江町内で新聞配達を続けている鈴木新聞舗の鈴木裕次郎だった。地域に根を張る裕次郎は午前一一時一九分、死の二時間後にはもう町長死去の情報を独自にキャッチしていた。

中古のランドクルーザーに乗って慌てて馬場の自宅に向かうと、周囲は梅雨《つゆ》特有の陰鬱な雨に濡れ、ちょうど福島市内の病院から馬場の遺体が自宅へと搬送されてくるところだった。

私が車を降りて傘を差しながら立ち尽くしていると、目の前に「311」のナンバープレートをつけた見慣れた自家用車が停まった。地域で行政区長を務める佐藤秀三の軽自動車だった（ナンバープレートの「３１１」は震災にちなんでつけたのではなく、それが彼の誕生日だった）。

「馬場町長、亡くなったよ」と佐藤は車を降りて私に言った。

「聞きました」

「ご遺体はもう戻られた？」

「はい、先ほど」

佐藤は感慨深そうに頷くと、傘も差さずに私の隣に並んで言った。「一つの時代が終わったね。まるで昭和天皇が崩御したときみたいな気分だ」

私は傘にしたたり落ちてくる不規則な雨の音を聞きながら、まぶたを閉じて「闘う町長」と慕われた一人の地方政治家の生涯を想った。

原発周辺自治体の首長として、財政の豊かな原発立地自治体をうらやみ、「喉から手が出るほど原発が欲しかった」と私に語った。一転、原発事故が起きると、政府や東京電力からは情報が寄せられず、謝罪や支援も立地自治体と大きく差をつけられた。

羨望と失望。

彼の人生とはすなわち、全国の原発周辺自治体が抱える宿命的な悲哀を体現したものではなかったか。

と同時に、馬場はなぜ、あれほどまでに強く、政府や東京電力と闘えたのだろう、という根源的な問いが胸の奥から湧き上がってきた。
ふと、ある記録作家の姿が脳裏に浮かんだ。

上野英信。

約八年前、私は日中戦争の最中《さなか》に旧満州に設立された最高学府「建国大学」に関する取材にのめり込んでいた。そこでは五族協和の実践を夢見て、日本、中国、朝鮮、モンゴル、ロシアの秀才たちが六年もの間共同生活を送り、上野もまたその最高学府の出身者だった。学徒出陣で広島へと送られ、原爆に遭遇。敗戦後は京都大学に編入したものの、中退して炭鉱夫となり、地下に潜って庶民の暮らしを記録し続けた。

私は一連の取材を『五色の虹』という作品にまとめて刊行したが、そこには上野の生涯を盛り込むことができなかった。彼の人生があまりに強烈で、突出しており、作品における他の登場人物の存在を押しのけてしまう可能性が強かったからだった。

上野は生前、次のように書き遺している。

　あえて誤解を恐れず告白するが、この二十三年間、私はアメリカ人をひとり残らず殺してしまいたい、という暗い情念にとらわれつづけてきた。学徒召集中のことだが、広島で原爆を受けたその日以来、この気持はまったく変らない。おそらく、死ぬまでこの情念から解放されることはあるまい。

人はよく原爆症のほうは、と私にたずねる。が、私にとってどんな肉体的な障害の苦しみよりも大きいのは、この暗い情念から逃れることのできない苦痛である。これこそ、もっとも悪質で致命的な原爆症というべきかもしれない。もちろん私とて、このような呪われた状態のまま斃死《へいし》したくはない。なんとかして一日も早くこの苦しみから自由になりたいし、健康と光明をとりもどしたい。しかし、いつか、この絶望的な症状は私の骨のずいまで侵蝕してしまうだろうという不吉な予感が、たえず私を怯《おび》えさせる。

（中略）「三たび許すまじ原爆を」という歌があるが、そんな歌さえくちずさめない気分なのだ。三たびも四たびもない。私はいまなお一度目を許すことができないのである。誰がなんといおうと、ぜったいにあの一度目を許せないのである。

（『骨を噛む』大和書房、一九七三年）

壮絶無比な実体験と、そこから発せられる爆風のような熱情。

馬場をあれほどまでに強靭に国家や巨大電力企業へと立ち向かわせていたものは、あるいは首長としての表面的な使命感などではなく、彼自身も上野が記しているような「暗い情念」を肉体の内側に抱え込んでしまっていたのではなかったか。上野と同じように「逃れることのできない苦痛」に苦しみ、その絶望的な症状が「骨のずいまで侵蝕してしまう」かもしれないという「不吉な予感」に彼もまた、怯え続けていたのではなかったか。

生前、夕日の差し込むリビングで馬場は私に言い遺した。

「私は当時の政府を許すことができません。私たちが津島地区に避難したとき、避難所になった施設の周りでは、たくさんの子どもたちが遊んでいた。嬉しそうに、楽しそうに、炊き出しのおにぎりなんかを頬張りながら。空から何が降ってきているのかを知らされることもなく」

「私は東京電力を許せません。もし彼らから事前に何らかの連絡が入っていたら、浪江町には当時、助けることができたかもしれない命があった。それが何よりも残念で、心残りです」

「どうぞ――」

自宅の外で雨に濡れながら立っていると、遺族が不憫《ふびん》に思ったのか、私は自宅の中へと招かれ、死者と対面することを許された。居間の布団に寝かされている遺体の前に正座し、顔に掛けられている白い布をめくり上げた瞬間、私はしばらく呼吸ができなくなった。

遺族からは「安らかな死でした」と聞かされていた。

でも、違った。まるで嘘だった。

私がそこで見たものは町民の辛苦を一身に背負ったような、骨と皮ばかりになった老人の死に顔だった。

第八章

満州移民の村

41

三被告人は全員無罪――。

東京地裁の判決内容がインターネットのニュース速報で流れた瞬間、会議室には感情を無理やり押し潰したような短いうめき声がまず漏れた。誰もが手元のスマートフォンに視線を落とし、しばらくはその画面を指でなぞったり、互いの表情をうかがったりしていたが、一人が「納得できないよ」とつぶやくと、その感情は「ダメだよ、こんなの」「そうだよ、絶対許せないよ」といった悲痛な声の水紋となって会議室全体に広がっていった。

二〇一九年秋、東京地裁では東京電力福島第一原発の事故をめぐり業務上過失致死傷罪に問われた東京電力の旧経営陣三人に対する判決公判が開かれた。

私は福島県郡山市の福島地裁郡山支部の近くにある労働福祉会館にいた。郡山支部ではその日、やはり東京電力を相手取って福島県浪江町の住民が起こした民事裁判が開かれることになっており、私は原発事故の当事者である彼らが東京電力の旧経営陣への判決をどのように受け止めるのかを取材するため、公判後に集会が開かれる予定になっていた労働福祉会館の会議室を訪れていた。

全員無罪。

その判決内容を聞いたとき、私は身体を真二つに引き裂かれるような痛みを感じた。

二〇〇〇年に新聞社に入社してから計五年間、私は裁判を担当する司法記者だった。毎日のように裁判所に通い、事件や事故の裁判を取材した。

刑事裁判と民事裁判は違う——それは新人記者が司法担当になるとき、最初にたたき込まれる大原則だ。

民事裁判は争いのある当事者同士が裁判所を通じて被害の賠償を請求したり、権利の回復などを求めたりする手続きだ。どちらの言い分に合理性があるか、裁判を通じて支払われるべき損害の額や責任の有無などを決定する。

一方、刑事裁判はまるで違う。罪を犯したと疑われる市民を国家権力が逮捕・起訴し、身体の自由を制限したり、時には命を奪ったりする。その影響の重大さゆえに刑事裁判では「事件が確実に存在しており、犯人はこの被告人以外には考えられない」という絶対的な証明がなければ、被告人を罪に問うことができない。「疑わしきは被告人の利益に」という言葉が象徴するように、そこでは極めて厳格な立証が必要とされる——もちろん、それらは一般論だ。

既知の通り、この国では警察・検察機構の強権とその後の裁判所の従属により、起訴された刑事事件の実に「九九・九％」が有罪に持ち込まれてしまう。警察と検察が「犯人」を決め、裁判所がそれにお墨付きを与える。そんな「九九・九％」の絶対性は司法記者だった当時の私に刑事裁判の偽善性と形骸化を連想させた。一部の事件において私は警察や検察は正義を追求するためではなく、自らの組織を守るために捜査や裁判を進めているのではないかという疑いさえ抱いた。結果、「罪」を負わされた人々はその後どのような人生を歩んだか。私はそんな「冤罪《えんざい》被害者」たちの惨烈な半生をいくつもこの目で見続けてきた。

新聞のニュースで読む限り、東京電力の旧経営陣三人に対する刑事裁判は極めて無罪の可能性が高そうな裁判であるように私には思えた。罪に問われたのは原発事故当時の元会長と元副社長二人の計三人。原発の敷地の高さを上回る津波の襲来を予想できたのに、対策を怠って原発事故を招き、約五キロ離れた双葉病院の入院患者ら四四人を栄養失調や脱水症状で死亡させた、という罪に三人は問われていた。東京地検が二度不起訴にしたにもかかわらず、検察審査会が強制的に起訴すべきだと議決したため指定弁護士によって強制起訴された、極めて珍しい刑事裁判だった。

裁判の争点は「津波の予見性」と「事故回避の可能性」らしかった。旧経営陣が無罪を主張する中で、公判では東京電力の社内メールや会議録などが証拠として提出され、これまでの政府や国会の事故調査委員会では公表されなかった新しい事実が次々と明らかになっていった。

ジャーナリスト・添田孝史のリポートによると、例えば、日本原子力発電は東京電力が先送りした津波の予測を参考に敷地を盛り土で嵩上《かさあ》げしたり、建屋の入り口を防水シャッターに取り替えたりして、東日本大震災の発生までに津波対策を終えていた。例えば、東北電力は最新の研究成果を取り入れて女川原発の津波想定を見直す報告書を二〇〇八年に完成させていたのに、東京電力は東北電力に圧力をかけてそれらを書き換えさせていた。

にもかかわらず、私はそれらの事実が明らかになった後でさえ、巨大組織における災害対策への「不作為」を経営者個人に刑事責任として問うことが本当に妥当なのかどうか、自分の中でしっかりとした判断が持てなかった。疑わしきは被告人の利益に。それこそが冤罪を生まないための刑事裁判における最後の砦《とりで》であるならば、今回の東京電力の旧経営陣に対する刑事裁判においても決して例外を作るべきではないのではないか……。

でもその一方で、視線を自分の足元に落としてみれば、旧経営陣の無罪判決を福島県内で暮らす人々が納得して受け入れることができるとは到底思えなかった。

判決の直後、私の隣に座っていた女性が突然立ち上がり、会議室の全員に同意を求めるような声でこう叫んだ。

「こんな判決、絶対に受け入れられないわ。皆さんだってそう思うでしょう？　原発でこんなに大きな事故が起きたというのに、国も東電も責任を取ろうとしない。裁判所も『無罪』だって言う。一体、誰が悪かったって言うのよ？　住民？」

事実、彼女の言い分はまったくその通りなのだ。この国の原子力損害賠償法は原発事故が起きた際、事故の責任の所在を明確にすることなく電力会社に被害の賠償を命じている。わかりやすく言えば、「原発で事故が起きたら、電力会社はつべこべ言わずすぐに住民に賠償金を払いなさい」ということだ。それらは一見、被害者への迅速な賠償を実現しているようにも見えるが、裏を返せば、「賠償さえすれば、責任の所在は明らかにしなくていい」という原子力行政を進める上で国や電力会社に極めて都合のいい「抜け穴」になっている。実際、今回の原発事故でも被害住民には賠償金が支払われたものの、国や東京電力は誰一人として罪に問われず、責任を取らされてもいない。原発事故で家族や故郷を失った福島県内の人々にとっては一体誰が悪かったのか、誰を恨み、誰に怒りを募らせればいいのか、その矛先でさえ未だ明確に持ち得ていないのが実情なのだ。

「三浦さんは判決前から『無罪の可能性が高い』って言っていたけれど、本当にその通りになっちゃったわね」と会議室にいた三瓶《さんぺい》春江が不満そうに私の方に駆け寄ってきて言った。「でも私、何度でも言うけれど、こんなの絶対納得できないわ。悔しくて悔しくて仕方がないわ。ねえ、三浦さん、伝えて。あなたは知っているはずでしょう。私の故郷である赤宇木《あこうぎ》がどんな場所だったか。この無罪判決が冒瀆《ぼうとく》しているのは、今生きている私たちだけじゃない。私たちの故郷を汗水垂らして切り拓《ひら》いた、私たちの父祖の思いも踏みにじっているということを――」

42

私が三瓶と知り合ったのは八月下旬、ちょうど東京電力の旧経営陣の判決公判に向けて準備を進めていた頃だった。当時、私は判決が出た際の住民側のコメントを誰にお願いすべきか、真剣に悩んでいた。判決は無罪の可能性が少なからずあったため（というよりは、個人的には無罪の可能性が高いと考えていたため）、無罪判決が出たときには裁判所の偽善性を見抜き、福島県内の現状を適切に解説した上で、東京電力を真正面から批判できる人が望ましかった。

ところが、当初コメントを依頼した沿岸部の有力者たちは一様に私の申し出を断った。「そりゃ、随分と難しいな」とある有力者は露骨に嫌そうな顔をした。「ここでは今も多くの人間が東京電力でメシを食っている。原発事故では大きな被害を受けたけれど、その後は東電から賠償金を受け取ったり、親類が廃炉作業に従事したりしている人が山ほどいる。スーパーやガソリンスタンドだってほとんどの客が東電の関連企業の社員や除染関連の作業員だろう？　表向きのコメントであれば言えるかもしれないが、まあ、それはあくまでも建前だ。言いたいことがあっても言えない。それが原発被災地の本音ってやつじゃないか……」

結局、最終的にコメント取材を引き受けてくれたのは、自らも東京電力に対して裁判を起こしている「津島原発訴訟」の原告団の人たちだった。

福島県浪江町は東西に長く、中央がくびれた「ひょうたん」のような形をしている。東の海側の地域は「浪江」と呼ばれ（私が新聞配達で回っていた地域だ）、町役場や商業地などが密集し、二〇一七年に多くの地域の避難指示が解除されている。一方、西の山側の地域は「津島」と呼ばれ（浪江町長だった馬場有が震災直後、町民を一時的に避難させた地域だ）、今なお放射線量が高く、住民の立ち入りが厳しく制限される「帰還困難区域」に指定されている。「津島原発訴訟」はその帰還困難区域の住民たちが国と東京電力に対し、故郷を除染して再び住めるようにすることや相応の賠償金を支払うことを求めている民事裁判だった。

その原告団の中で世話人的な役割を果たしていたのが三瓶だった。おしゃべり好きな明るい女性で、早速電話を入れて福島市にある避難先に伺うと、缶コーヒーを片手に約三時間、私の取材に付き合ってくれた。

「本当、笑っちゃうけどさ」と三瓶は時々思い出し笑いを浮かべながら、かつての津島地区での暮らしを振り返ってくれた。「津島はみんな貧しくてね。私の両親は山の木を切って炭焼きをしたり、開墾した畑でジャガイモや葉タバコを作ったりしていたんだけれど、食事は毎日、雑炊やご飯にトウモロコシを混ぜたものばかりだった。白いご飯を食べられるのはお客さんが来たときだけ。ねえ、信じられる？　小学校に上がってもランドセルを買ってもらえなくて、初めは風呂敷で通っていたのよ」

三瓶は弾《はじ》けるような笑い声で自らの半生を語り、八人いる兄弟の近況を紹介し、かつては一つの家族のように暮らしていたのに今は散り散りになって避難生活を送っている近隣住民たちの悩みを打ち明けた。

私にとっては特に三瓶の両親の半生が興味深かった。

彼女の両親は旧満州（現・中国東北部）からの帰還者で、浪江町の津島地区に移住した開拓者だったというのである。

彼女は具体的には次のように語った。

「私の両親は共に福島県中部の出身で、父は戦時中は憲兵だったの。母とはお見合いで結婚し、二人揃って旧満州に渡った。現地で敗戦を迎えて、父はそのままシベリアに。母は命からがら密航船で日本に帰国した。だから長男は逃避行中の朝鮮半島で生まれているのよ。帰国後、母が実家に戻って生活していたところ、数年後に父が復員して再び一緒に暮らし始めた。そして、六番目の子どもである私が生まれた直後の一九六〇年、開拓団の一員として今の浪江町の津島地区に入植したらしいの」

へぇ、と私は思わず身を乗り出して三瓶の話に聴き入ってしまった。かつて私は旧満州に設立された最高学府に関する取材を続け、一冊の書籍にまとめたことがあった。

「ご両親は津島地区のどこに開拓に入ったのでしょうか？」と私は尋ねた。

「赤宇木よ」

「赤宇木……」

「そう、赤宇木」と三瓶は言った。「そこが私の実家があった場所」

43

福島県浪江町の津島地区にある赤宇木集落――。

そこは帰還困難区域の中でも私が最も頻繁に足を運んだ場所の一つだった。その集落が戦後、旧満州からの帰国者によって切り拓かれた地域であり、原発事故後は非情にも、放射性物質によって極度に汚染された地区だったからである。

きっかけは「百年後の子孫《こども》たちへ」という一冊の記録誌だった。

赤宇木の行政区長の今野義人が震災後、集落の歴史や文化を後世に語り継ごうと記録誌作りを続けていることを私はある日、偶然取材で聞きつけた。福島県白河市の避難先を訪ねてみると、今野は記録誌を作り始めた経緯を優しく——まるで孫に語りかけるように——説明してくれた。

赤宇木は当時八五世帯約二三〇人が暮らす山あいの美しい集落だった。福島第一原発から三〇キロ以上離れていたにもかかわらず、原発事故によって巻き上げられた大量の放射性物質が降り注ぎ、野山が極度に汚染されてしまった。原発事故の直後に測った放射線量は、赤宇木の集会所で「毎時八〇マイクロシーベルト」、隣の手七郎《てしちろう》の集会所で「毎時一六〇マイクロシーベルト」。

その年の秋に開かれた住民説明会で国の職員に告げられた。

「このまま何もしなければ、一〇〇年は帰れないと思います……」

そうなのか、一〇〇年も帰れないのか——。

今野はひどく落胆しながらも、でももし本当に一〇〇年後に帰れるのなら、集落の歴史や文化を子孫に語り継がなければいけないと思い、たった一人で記録誌作りに取り組み始めた。集落の住民に手紙やメモを送ってもらい、深夜、慣れないパソコンに一人パチパチと打ち込んでいった……。

私はそんな行政区長の記録誌作りを取材すると共に、かつての赤宇木での暮らしぶりを調べようと、各地で避難生活を送っている赤宇木の旧住民たちを直接訪ねていくことにした。

最初に向かったのは最高齢の三浦ミンの避難先だった。当時、満一〇〇歳。旧満州から移り住んだいきさつや開墾当時の赤宇木での暮らしについて聞きたかったが、残念ながら彼女の記憶はもう手の届かないところに昇華していた。

同居している長男によると、ミンは福島県川俣町《かわまたまち》で生まれ、旧満州に渡った。敗戦直前に日本に帰国し、農業の夫と結婚。赤宇木の開拓団に参加して森林を切り拓き、田畑でアワや芋を育てた。暮らしは貧しく、それでも五人の子どもたちを必死に育てた。

声をかけると、ミンはかすれた声で私に言った。

「(私の人生は)良かったよ。放射能が来るまでは……良かったよ」

次に向かったのは岸チヨの避難先だった。八八歳。

長年小学校の栄養士を務めていたという彼女は明るくハキハキとしたお婆《ばあ》ちゃんで、私が取材で訪れるたびに不自由な足でヨタヨタと台所に立ち、毎回、震える手で美味《おい》しい緑茶を淹《い》れてくれた。

「これはお読みになりましたか?」と取材の初日、チヨはテーブルに置かれていた一冊の冊子を私の方へと差し出した。

「もちろんです」と私はリュックサックから付箋のたくさん貼られた同じ冊子を取り出

して言った。

チヨへの取材が私にとって有益だったのは、彼女の半生が記憶だけでなく、しっかりと記録に残されているという点だった。彼女は一九七〇年代、寺の和尚から「あなたの人生は何かに書き留めておいた方がいい」と勧められ、自らの体験を原稿用紙約二〇〇枚に書き留めて近くの寺に預けていた。本人は原稿の存在を忘れていたが、原発事故後、寺から原稿がそのままの形で返却されたため、二〇一七年、旧満州の証言集を募集していた大阪の出版社の協力を得て、『集団服毒自決・生還への手記 福島県下学田開拓団の奇跡』（新風書房）として自費出版しているのである。

行政区長の今野から出版の話を聞いていた私は早速冊子を手に入れると、毎回その冊子を読み込んでからチヨの取材に臨んでいた。

「今でも忘れられない言葉があります」とチヨは最初の取材で私に言った。「大好きだった母が最期に遺した言葉です……」

その言葉が何であるのか。もちろん私は知り得ていた。

44

チヨの証言や冊子『集団服毒自決』によると、チヨは一九三〇年、福島県上川崎村

（現・二本松市）で生まれた。小作農だった両親の四番目の子どもで次女。生活の貧しさもあり、一九四二年三月、当時国策として推し進められていた満蒙《まんもう》開拓団の一員として一家九人で旧満州の下学田へと渡った。

当初は現地の国民学校に楽しく通った。しかし、次第に戦況が悪化してくると、兄を含めた男たちは戦地へと送られ、チヨは大人たちから小銃の撃ち方を教わったり、窓の内側に隠れて家に侵入してくる敵を出刃包丁で刺したりする訓練などをさせられるようになった。

敗戦を知ったのは一九四五年八月一八日。九月に入り、集落にソ連軍が進駐してくるという噂が広まると、住民に集団自決用の手投げ弾と毒薬が配られた。

集落の幹部だった父が家族全員に毒薬を手渡して言った。

「これを飲め。俺はお前たちの最期を見届けてから手投げ弾で自決する」

チヨは親友に最期の別れを告げようと、家の外へと飛び出した。すると集落のあちこちで「この毒薬では死ねないぞ。飲むな」と叫ぶ声が聞こえる。急いで自宅に戻ると、家族はすでに毒薬を飲んでしまった後で、床に転がるようにしてもがき苦しんでいた。慌てて日本から持参していた解毒剤を飲ませると、胃の中の物を全部吐き出し、しばらくして回復した。

ただ一人、解毒剤を拒んだ家族がいた。

最愛の母である。

母は日本の勝利と発展をかたくなに信じ、満州の土になろうと覚悟を決めて大陸に渡ってきた人だった。

解毒剤を飲むよう必死で勧めるチヨの手を振り払い、苦しそうに叫んだ。

「この、親不孝者が！」

チヨは大好きだった母から向けられたその最期の一言が、今も脳裏に焼き付いて忘れられないのだ。

結局、母はもだえ苦しみながら一五日後に四二歳の若さで死んだ。四歳年上の姉は隣家で睡眠薬を飲んだ後、家に火をつけて集団で焼身自殺を遂げた。一歳の姪《めい》は「連れて行ってもいくらももつまい」とチヨの父が顔に布を掛けて首を絞めて殺した。

入植地を追われた日本人たちは進駐してきたソ連兵に性的暴行などを受けながら、ドブネズミのようになって大陸を逃げ回った。毎日たくさんの人が病に倒れ、人が死ぬたびに凍った大地を掘り起こし、ボロボロの衣服にくるんで埋葬した。

約一年後、運良く日本へと向かう引き揚げ船に乗ることができたチヨの一家が帰国後に向かった先が、旧満州からの帰国者を開拓団として受け入れていた福島県津島村（現・浪江町津島地区）の赤宇木集落だった。一家は笹《ささ》で屋根を葺《ふ》いただけの質素な小屋で暮らしながら、山林を開拓したり炭やジャガイモを作ったりして生活をつないだ。チヨは旧営林署の職員と結婚し、浪江町内で学校給食の栄養士として働きながら二人の娘を育てた。

そして、二〇一一年春——。

ようやく築き上げたはずの幸福な暮らしは、原子力災害という見えない「力」によって押し潰された。浪江町全域に避難指示が出されるとチヨは再び「故郷」を追われ、五年間、福島市内の仮設住宅での生活を余儀なくされることになった……。

45

「もしよろしければ、私をチヨさんの故郷に連れて行っていただけませんか?」

私がチヨを赤宇木集落へと誘ったのは二〇一八年の春だった。チヨは「行きたい、行きたい。ぜひ私が歩けるうちに行きましょう」とまるで女学生のようにはしゃぎながら私の中古のランドクルーザーに乗り込んだ。

今は帰還困難区域に指定され、枯れ草が伸び放題になっているその場所を、四輪駆動車は豪快に進んだ。変わり果てた故郷の風景を後部座席で見渡しながら、チヨは何度も無念そうに頭を振った。

「もう住めないわね。わかってはいたけれど……」

ランドクルーザーが到着した赤宇木集落のかつての自宅は風雨で屋根が朽ち落ち、目視で確認できるほど建物全体が大きくひしゃげて傾いていた。

チヨは車を降りると、鍵の掛かった玄関を懐かしそうに手でさすり、何かを小さく口籠もりながらヨタヨタと周囲の庭を歩き始めた。

「ここにはね、スイセンを植えていたのよ。ここには、そう、ヒマワリだわ。ここには、一体何だったかしらね……」

満蒙開拓、敗戦による引き揚げ、そして原発事故。三度の「国策移住」に翻弄された人生を振り返るとき、彼女の胸にはどんな想いがよぎるのか。

取材のたびに同じ質問を重ねたが、彼女の答えはいつも同じだった。

「国家に対する憎しみはないわ。国が決めることはいつだって大きすぎて、私にはよくわからないのよ」

そして、いつも決まってこう続けるのだ。

「ただ一つ、人生をやり直せるのだとしたら、あのとき無理にでも母に解毒剤を飲ませるべきだった。八八歳のおばあさんになっても、人はこんなふうに後悔するものなのね……」と。

世の中にはきっと「大きな人生」と「小さな人生」がある。でも、そのどちらの人生を選んだ方が人は幸福に生きられるのか、私たちは最期まで知ることができない。

チヨは自ら「小さな人生」を選び取り、家族を旧満州へと追いやった国家も、原発事故によって故郷を奪った電力会社も恨んではいない。ただひたすらに記憶の中で「母に解毒剤を飲ませるべきだった」と悔やみ続ける。

ドンと小さな山鳴りがして、旧自宅前の枯れ草の中を一陣の風が吹き抜けた。チヨは杖《つえ》を突いたまま立ち止まり、深呼吸をするようにして、その乾いた風を目いっぱい肺の中へと吸い込んだ。しばらく両目を閉じたまま何かを夢想していたが、そのまぶたの裏にどんな風景を思い浮かべていたのかまでは私にはわからなかった。

両親と暮らした旧満州か、家族で過ごした赤宇木の情景か——。

「そろそろ行きましょうか」と私が声をかけると、チヨは「もう、時間なの？」と残念そうな表情で聞いた。

「時間ではないのですが……」と私は首を振ったまま、本当の理由については伝えなかった。

手元の線量計が「毎時一一マイクロシーベルト」を計測していた。

第九章　フレコンバッグと風評被害

全身が泥まみれだった。耳や鼻の穴はもちろん、髪の付け根やわきの下、なぜかトレッキングシューズの中にまで泥が入り込んでいた。

46

死者・行方不明者計九四人を出した大型台風一九号は二〇一九年一〇月一二日、福島県にも大きな被害をもたらした。阿武隈川が氾濫し、全国最多の死者三五人を記録。私が暮らす南相馬市でも台風が最接近した一二日夜にはアパートの屋根が吹き飛ばされそうな暴風雨に見舞われた。

翌朝、土砂崩れが発生したという南相馬市西部の山あいの集落に向かった。現場に着くと、数軒の民家が奥の沢から噴き出したとみられる土石流に飲み込まれていた。家の中にはまだ高齢の女性が取り残されているらしく、消防隊による決死の救助活動が続いていた。私は被害の全景をなるべく高い位置から撮影しようと、集落の山側にある崖を登った。

そのときだった。背後の沢から水が突然噴き出し、足元が崩れた。私はそのまま土砂に巻き込まれて転倒し、十数メートルほど斜面をゴロゴロと転がった。

気がつくと、身体の半分が泥に埋まっていた。四つん這いになって土砂から抜けだし、草むらで仰向《あおむ》けに寝転がった。両手で全身を触ってみたが、幸いケガはなさそうだった。

問題はカメラだった。左肩に掛けていた一眼レフが泥に浸かり、電源が入らなくなっていた。カメラがなければ、災害取材は難しい。

「こんな大事なときに……」

ひとまず近くの沢へと移動し、頭と両手の泥を洗い落とした。カメラも水洗いしようかと悩んだが、少し考えてやめた。今のカメラは機械というよりは電子機器に近い。キヤノンの上位機種は砂漠でも撮影ができるよう優れた防塵性を備えている。泥さえ固まれば、あるいは修理が可能かもしれない。

私はアウトドアパンツの中に入れていたスマートフォンが無事であることを確認すると、取材中に土石流に巻き込まれたことを会社の上司に報告し、ひとまず南相馬市中心部のアパートに戻ることにした。

幸運にも、アパートは断水もなく、停電も起きていなかった。熱いシャワーを浴びると、全身がガタガタと震え始めた。

危なかった――。

津波の被災地、東南アジアの激甚災害、アフリカの紛争地帯。これまでにいくつもの災害現場を取材してきたはずだった。故に心のどこかで台風取材を舐《な》めていた。油断していた。その結果、あと一歩のところで災害に巻き込まれるところだった……。

気持ちを落ち着かせるために浴槽に湯を張ってしばらく浸かり、風呂から上がると台所で時間をかけてコーヒーを淹れた。幸い、気持ちは折れていなかった。パソコンを立ち上げ、インターネットで自分が向かうべき場所を探した。職業記者における宿命的な「クライマーズ・ハイ」。この瞬間にも現場は刻一刻と変化していく。

ニュースの速報を見ると、福島県中部では大雨で阿武隈川の堤防が決壊し、須賀川《すかがわ》市周辺に大きな被害が出ているようだった。私は福島総局に電話を入れてすぐさま現場入りの意向を伝えたが、災害取材の司令塔となる担当デスクは「ちょっと待っていただけませんか」とあまり乗り気ではない声で私を止めた。記録的な被害が出ている県中部には福島総局の若手だけでなく、東京本社からもすでに大量の記者が投入されている。災害報道はチームプレーであり、大勢の記者が軍隊のようにデスクの指揮の下で動く。私のような単独行動を取る記者は「使いづらい」のだ。

私は一時間ほど自宅のアパートで待機した後、しびれを切らして警察本部の事件クラブに詰めているだろう、最近事件担当キャップになったばかりの後輩のスマートフォンを鳴らした。

「忙しいところ、すまない……」と私は電話越しに聞いた。「今、どこにいる?」

「福島総局です……」

　意外だった。ならば近くには担当デスクや総局長がいる。

「ちょっと教えて欲しいんだ」と私は声を潜めて後輩に尋ねた。「現場に行きたいんだ。どこか飛び込めるところを教えてくれないか」

　後輩は不吉な予感を察してか、私に向かって小声で聞いた。「……また、勝手に行くんですか？」

　ちょうど一年前、北海道で胆振《いぶり》東部地震（震度七、死者四三人）が発生したとき、私は会社の指示を半ば無視する形で災害現地に飛び込んだ。発生の数時間後にはもう中古のランドクルーザーに装備や物資を詰め込んで福島を出発し、青森で数日足止めをされた後、フェリーで北海道へと単独で渡った。東京本社との「事後処理」はその後、福島総局長や担当デスクが担ってくれた。

　でも今回はあくまでも「管内」だ。「手続きはちゃんと取る。装備もある。だから、あまり人が行けない場所、他の記者がたどり着けないような現場がいい」と私は後輩に頼んだ。

「そんな現場ないですよ……」と後輩は言いかけて、「あ、でも、ちょっと待ってください」と会話を続けた。

「今、入ったばかりの情報ですが、県中部の田村市で汚染土を詰め込んだフレコンバッグが川に流れたという情報があります」

えっ、と私は驚いて聞き返した。「中身の汚染土も川に流れたのか？」

「いや、それはまだ確認されていません」と後輩は言った。「全部で六袋ほど流れたみたいですが、それらはすべて回収済みで、中身は流れ出ていないと……」

その瞬間、私の脳裏に約一年前に実施した福島県双葉町の元町長・井戸川克隆へのインタビューが蘇《よみがえ》った。

原発事故当時、福島第一原発の周辺地域には避難指示が出されたこともあり、1号機や3号機の水素爆発を間近で目撃した人は実はそれほど多くない。そのなかで井戸川は原発が立地する双葉町の町長として町内に残り、警察官や自衛隊員と共に1号機の水素爆発に遭遇した数少ない目撃者の一人だった。

井戸川が私のインタビューに語ったところによると、彼は震災翌日の三月一二日午後三時三六分、双葉厚生病院で自衛隊員や警察官らと一緒に施設の人を車に乗せようとしていると突然、頭上で「ドーン」という巨大な爆発音を聞いた。第一原発までは直線で約三キロ。見上げると、暗い空から、白い、ぼたん雪のような大きさの、フワフワとした物体が、無数に舞い降りてきた。手の平で受け止めてみると、それらはグラスウールの断熱材だったという。

俺はこれでもう終わりだ——そう思ったが、口には出せなかった。「建物の中に入れ」と大急ぎで号令をかけ、外にいた人を屋内へと避難させた。町職員と警察官は防護服を着ていたが、自衛隊員は普通の服でマスクさえつけていなかった……。

〈死の灰〉

井戸川は私のインタビューの間中、原発事故によって福島県内に降り注ぎ、政府がその後、「放射性廃棄物」や「除染廃棄物」と言い換えるようになったそれらの降下物を「死の灰」と呼ぶことにこだわった。

「だって、そうでしょう？　あれは原爆が投下された直後に広島や長崎に降り注いだ『死の灰』と何ら変わらないものでしょう？」

その日、台風の大雨で川へと流出したのは──井戸川に言わせるならば──福島県内に飛散した「死の灰」を詰め込んだ袋に違いなかった。政府は原発事故の後、除染で生じた汚染土をフレコンバッグと呼ばれる土のう袋に詰め、居住地域から離れた空き地や田畑などの「仮置き場」で保管していた。二〇一七年秋に県内の汚染土を集めて一時的に保管しておくための中間貯蔵施設が大熊町と双葉町で稼働したことで袋の数こそ減少したものの、まだ約九三〇万立方メートルの汚染土が約七三〇カ所の仮置き場に残っているはずだった。

フレコンバッグが川に流れ出ただけで、中身の汚染土が漏出していないのであれば、環境への影響はほぼ皆無かもしれなかった。ただ、台風のように事前に予測できる自然災害で、「死の灰」を詰めた袋がいとも簡単に河川に流れ出てしまうような保管状況は、やはり問題であるように私には思えた。後日の検証に使うためにも、まずは現場の写真を撮影しておく必要がありそうだった。

「ありがとう」と私は後輩にお礼を言って電話を切ろうとした。

「行くんですか？」

「うん」と私は答えた。「とりあえず現場に行ってみる。それが新聞記者の仕事だから」

47

南相馬市から阿武隈山地の山道を車で約一時間半、田村市の仮置き場に近づいた頃にはもう日没が迫っていた。

現場に到着し、目を疑った。仮置き場は見渡す限り水浸しだ。本来は石垣のように整然と積み上げられている黒色のフレコンバッグが、まるで巨人がいたずらに投げ散らかしたように周囲にバラバラと散乱している。多くは水没したり、濁流に流されたりしたのだろう。袋はひしゃげ、近くの柵に引っかかったり、川の斜面にへばりついたりしていた。

「一体何が起きたんだ……」

仮置き場を管理する田村市役所に電話を入れると、現場で保管されていた除染廃棄物は全部で二六六七袋。現時点で六袋の流出が確認されているが、全体の流出量はまだわからないという。

私はとりあえず現場の状況を証拠として残すため、アウトドアパンツのポケットに入れていたスマートフォンで動画を撮影することにした。米国留学時代、写真の専門学校に自費で通い、スマートフォンを使った動画撮影の講義を受けた。両脇を締めて数秒間画面を固定し、ゆっくり水平方向に動かして周囲の状況を一〇秒以内で撮影する。一〇秒以内。それが現場から無理なく送れ、視聴者もストレスなく見られる「尺」の基準だ。

すでに日が沈みかけていたため、私は情報を教えてくれた後輩に現場で取材ができたことを伝えると、彼のメールアドレスに撮影した動画を送信した。

後輩からはすぐに返事が来た。「すごい映像ですね。記事に添える動画として本社に送ってもいいですか？」

「いや、ちょっと待ってくれ」と私は慌てて後輩を止めた。そのときはまだ、目の前の現場が問題となっているフレコンバッグが流出した仮置き場であるという裏付けが取れていなかった。周囲に人がいないため、確認のしようがないのだ。

「ちょっと田村市役所まで行って確認してくる。それまで待ってくれないか」

私は中古のランドクルーザーに飛び乗って現場から約四〇分離れた田村市役所に向か

った。市役所では三階に設置された災害対策本部に市の幹部たちが集まっていた。事情を説明すると、生活環境課の担当者が私の動画を見た上で撮影場所が問題となっている仮置き場であることを隠し立てすることなく教えてくれた。

「これでいい。動画の現場がフレコンバッグの流出場所で間違いない」

後輩に電話で確認の報告を入れると、私はその動画の一部を自らのツイッター・アカウントにもアップした。

直後、閲覧数が急上昇し、国内外の報道関係者から問い合わせのＤＭ（ダイレクト・メッセージ）が殺到し始めた。

「放射性物質が台風で川に流れ出たって本当？」「これ、世界的スクープじゃないの？」

投稿した二本の動画の再生回数は計八〇万回に達した。

同時に懇意にしている福島県内の同業他社から忠告のメールが舞い込んだ。

「気をつけた方がいい。この案件は後で必ず炎上するぞ」

48

夜が明けるのを待っていた。

台風通過から四日目の朝、私はフレコンバッグの流出事故が起きた田村市の仮置き場にランドクルーザーを停めて張り込んでいた。

市役所でフレコンバッグの流出を確認した後も、私は現場へと通い続けた。市の担当者は「六袋が流出した」と説明したが、状況を見る限り、実際にはもっと多くの袋が川に流出しているのは確実だった。私はその流出したフレコンバッグのいくつかを自力で見つけ出してやろうと考えたのだ。

台風から三日目の夕方、仮置き場から数キロ下流の対岸の雑木林に二つ、フレコンバッグのようにも見える黒い物体が引っかかっているのを見つけた。黒い物体はひしゃげており、中身は完全に外に流れ出ているようだったが、川が増水していて近づくことができず、それが本当にフレコンバッグであるかどうかまでは確認できない。

そのとき、ある直感が脳裏をよぎった。

この現場には数日以内に必ず環境省の調査団が来る。その公的な調査に同行すれば、あの黒い物体がフレコンバッグかどうかがわかるはずだ――。

その日、政府は早くも事態を沈静化する方向に動いていた。フレコンバッグを管理する環境大臣の小泉進次郎は参議院予算委員会で「回収された大型土のう袋については容器の破損がなく、環境への影響はない」とかなり踏み込んだ答弁をしていた。

本当にそう言い切れるのか――現場の状況を見る限り、環境大臣の発言は時期尚早であるように思われた。仮置き場を管理する田村市の担当者は流出した袋の総数を「不明」とし、中身の除染廃棄物が漏出した可能性についても「調査中」と答えていた。第一、本格的な調査はまだ始まってさえいないのだ。

午前一〇時過ぎ、男女十数人が乗った五台のバンが仮置き場の前に到着した。作業服の背中には「環境省」の文字。環境省の調査団だ。私は慌ててランドクルーザーを飛び出して彼らのもとに駆け寄り、同行取材を申し出た。

「許可、取ってるんですか？」

若手職員には拒まれたが、十数分食い下がったところ、最終的には団長が「絶対に調査の邪魔をしない」ことを条件に事実上取材を許可してくれた。

調査団は一列になって現場近くの川沿いを進んだ。私が前日の夕方に黒い物体を発見した雑木林の前に到着したとき、数人の調査員が川へと入った。

私はポケットからスマートフォンを取り出し、作業の一部始終を動画で撮影することにした。対岸の雑木林に引っかかっているのは紛れもなくフレコンバッグのようだった。袋は水圧に押し潰されて、中身は入っていないように見えた。

調査員が雑木林にたどり着き、引っかかっている黒い袋の中をのぞき込んだとき、団長が川岸から大声で聞いた。

「中身、入ってるか」

調査員が力なく答えた。

「いや、入っていませんね」

団長の表情が一瞬歪んだ。フレコンバッグに詰められていた汚染土が川に流出していたことがほぼ決定的になった瞬間だった。

「中身の汚染土は外部に流出してしまったという認識でいいですか」と私が動画を撮影しながら尋ねると、団長は「いや、仮置き場には（未使用の）空袋もあったかもしれない。まだ確定ではありませんね」と明言を避けた。

でもそれは、あまりにも説得力のない言い訳だった。

調査員によって川岸へと引き揚げられたフレコンバッグの表面にはしっかりと、仮置き場に置かれていたことを示す管理会社名と「〇・五一マイクロシーベルト」という具体的な放射線量が白字で明記されていた。

49

午後、汚染土の外部流出の事実を確認するため、私は仮置き場を管理する田村市役所へと再び向かった。

担当する生活環境課は大混乱だった。環境省や県の職員らが入り乱れ、私が中に入ろうとすると突然、前日まで親切に対応してくれていた担当者が立ち上がり、「あなたの取材には応じられません」と大声で部屋を追い出されてしまった。

「なぜですか？」

理不尽な対応に抗議をすると生活環境課の幹部が席を立って歩み寄り、「市役所から出て行ってください」と私に命じた。

「なぜ、私が市役所から出て行かなければならないのでしょうか」

「あなたの行為が風評被害を招きかねないからです」

私は命令には従わず、逆に隣の会議室から椅子を持ち出してきて生活環境課の前の通路に座り込んだ。町職員らは私の行為を無視していたが、「座り込み」が長く続くと先ほどの幹部が部屋から出てきて「要求は何だ」と私に聞いた。

「取材に応じるか、調査結果を可能な限り早く発表してください」

幹部は私の要求には応えずに歯ぎしりをしながら部屋に戻った。

調査結果は午後六時過ぎ、各社一斉に報道発表された。

その直前、担当者が一転、私の取材に応じた。配信予定のプレスリリースを持参して「先ほどは申し訳ありませんでした」と頭を下げ、私も自らの非礼を詫《わ》びた。

担当者はこれまでと同様、親切に調査状況を説明してくれた。

「本日、川から回収したフレコンバッグは一〇袋。すべて空の状態でした」

「中に詰められていた汚染土は川に漏出したということでいいですか？」

「はい。その通りです」

「環境への影響は？」

「仮置き場や下流の空間線量率、川の水の放射能濃度とも、いずれも問題ありません」

私はそれらの事実関係を確認した上で一連の取材内容を原稿にしてデスクに送り、同時に午前中に撮影した環境省の調査団が川から空のフレコンバッグを回収する動画をツイッター上にアップした。

再生回数は瞬く間に四〇万回を超えた。すると前回同様、「放射性物質がこんなにもずさんに扱われているのか」といった反応と同時に——あるいはそれらを遥かに上回る勢いで——「環境に影響がないのなら問題ないじゃないか」「福島県産が売れなくなる。風評被害を広げるな」といった意見や批判が洪水のように寄せられてきた。

風評被害を広げるな——それは福島県内で政府や東京電力に批判的な記事を書くたびに「読者」や「視聴者」を名乗る人々から必ず寄せられてくる常套句《じょうとうく》だった。一見、福島の人々に寄り添っているように見えるその文言《もんごん》は、彼らにとっては目の前で起きている現実を問答無用で封殺し、メディアを震え上がらせることができる「便利な言葉」であるらしかった。

なぜか——その理由を私も十分理解していた。

その文言がイメージさせるものが、報道機関が最も嫌悪するものと重なるからである。日本のメディアは問題の「当事者」になることを極端に嫌う。表向きには客観中立を掲げ、騒動に巻き込まれないように十分な距離を取った上で取材・報道することにより、問題から生じるあらゆる結果的責任を回避しようとする。「風評被害を広げるな」といった文句は、それらが事実であるのかどうかという検証が極めて難しい一方で、攻撃側にとっては容易に報道機関を加害者側に置くことができる、いわば「魔法の言葉」であるらしかった。

でも厳密に言えば、報道はそれ自体が「他人を傷つける」という行為を内包している。一部の人間の不利益につながるような事実を公表したり、他人には明かしたくない過去を尋ねたりする行為は、必然的に他人への加害行為に直結している。

それなのに「風評被害を広げるな」といった軽々しい文言が寄せられるたびに、覚悟なき報道機関の幹部たちは戸惑い、怯え、現場は十分な説明もないまま意味もなく振り回され続けた。私自身、それらの苦情が寄せられるのを嫌って原発被災地の企画が取り止めになったり、よりソフトな内容に変更させられたりした例をこれまでにいくつも見聞きしてきた。

後日、ほとんどのメディアがフレコンバッグの流出問題をスルーする中でほぼ唯一、現地に乗り込んで特集番組で報道したTBSキャスターの金平茂紀は、私の取材に次のように指摘した。

「フレコンバッグの問題に限らず、原発事故や福島に関するテーマが今、この国にとってどれだけ大切か、東京のメディアで働く人間はみんなわかっていますよ。でも、それを報じようとしない。なぜか。最大の理由は保身ですよ。最近の幹部やデスクは政権や視聴者から批判を受けるような番組は作りたがらない。安易に作れて、制作費がかからず、そこそこ視聴率がとれる番組ばかりだ。骨のあるテーマにしっかりと向き合える、本物のジャーナリストがどんどん姿を消している……」

50

台風一九号によるフレコンバッグの流出被害を環境省が正式に発表したのは台風通過から五日が過ぎた一〇月一七日の夜だった。

発表文を一読して驚いた。そこには田村市だけでなく、二本松市や川内村《かわうちむら》、飯舘村《いいたてむら》の仮置き場からもフレコンバッグが流出していた事実が記載されていた。それによると仮置き場から流出したフレコンバッグは少なくとも五五袋。内訳は田村市が二一袋、二本松市が一五袋、川内村が一八袋、飯舘村が一袋で、一部は中身の汚染土が外部に流れ出た状態で見つかっていた。

なぜ放射性物質の環境流出という大事故の第一報が発生から五日も後に発表されるのか。私は、もし私が数日前にフレコンバッグの流出現場の動画を配信しなかったら、彼らは事実の公表を見送ったり、人々が台風を忘れ去った頃に小さく発表したりするつもりだったのではないかと疑ったが、環境省や自治体の担当者に疑問をぶつけても、「確認に時間がかかった」と口をそろえるだけだった。

発表の翌日、私は二本松市や川内村の仮置き場に実際に足を運んでみた。どちらも大雨で仮置き場全体が浸水し、川内村の仮置き場では敷地の一部が崩落して、フレコンバッグごと川へ流れ出てしまっていた。

その際、仮置き場周辺で放射線量を計測していた作業員が匿名を条件に私の取材に応じた。

「放射線量が通常の二倍近くに増えています」とその作業員は言った。

「フレコンバッグから流出した汚染土が影響しているということですか？」

「いえ、違うと思います」と彼は否定した。「台風の大雨で山に堆積していた放射性物質が今、裾野や平野に流れ出てきているのだと思います。ウェザリングと呼ばれるものです。山の放射性物質は平野に流れ出し、平野の放射性物質はやがて川を通じて海へと流出します。心配なのは平野より川です。川底には多くの放射性物質を含んだ泥や砂が堆積しています。この大雨による洪水でその川泥がひっくり返され、放射性物質が今後、下流や海に拡散するのではないかと……」

奇妙な「報道」に遭遇したのはその日の午後遅くだった。

ＮＨＫが環境省の発表とは異なる事実を県内放送とインターネットニュースで配信したのだ。スタジオらしき場所で収録されたとみられるその「ニュース」では次のような内容が報じられていた。

《除染廃棄物が55袋流出》

環境省は、台風19号の大雨で、除染廃棄物の仮置き場が浸水するなどして、55袋が流出したと発表しました。周辺の空間線量の値に影響は見られないということです。

（中略）自治体別では、田村市で21袋、川内村で18袋、二本松市で15袋、飯舘村で1袋となっています。

このうち、二本松市の15袋は、市が探しているものの、見つかっていないということです。

（中略）環境省は、「流出した除染廃棄物はひとつ残らず回収していく（傍点は著者）。今回の流出の原因を検証し、再発防止策を検討する」とコメントしています。

現実的にはあり得ない「ニュース」だった。番組やネット記事では、環境省の「流出した除染廃棄物はひとつ残らず回収していく」というコメントが紹介されていたが、実際には田村市では一〇袋のフレコンバッグが空の状態で発見されており、市の担当者も「中の汚染土はすべて川に流出した」と認めていた。川内村でも川に流出した一八袋のうち二袋については中身が川に流れ出ていることがすでに発表されており、環境省が言うような――あるいはＮＨＫが報じているような――川に流れ出た放射性廃棄物を「ひとつ残らず回収していく」ことは事実上不可能なのである。ＮＨＫの報道はフレコンバッグの中に収められていた汚染土の川への漏出が一切触れられていないだけでなく、環境省の「ひとつ残らず回収していく」というコメントによって、それらがすべて回収可能であるかのような、事実とはまったく逆の印象を視聴者に植えつける内容になっていた。

すぐさま環境省に問い合わせてみると、担当者はいずれも「除染廃棄物をひとつ残らず回収していくのは不可能であり、環境省としてそのような方針を示したこともない」と当然のようにＮＨＫの報道内容を否定した。

ＮＨＫの報道現場で一体何が起きているのか――後日、ＮＨＫの広報部門に問い合わせてみると、私のもとには次のようなファクスが送られてきた。

「ご指摘のコメント（著者註・環境省が『流出した除染廃棄物はひとつ残らず回収して

いく』と述べたというコメント）は、環境省の担当者に取材して原稿にしました。改めて確認したところ、回収できるものは全部回収するという意味だった、などとしていきます。原稿の表現には丁寧さを欠く面があったため、確認の結果を踏まえて、改めてコメントを掲載しました」

ファクスに綴られている文章を読む限り、一連の「誤報」はつまりは環境省の「説明ミス」であり、ＮＨＫ側の非は少ないと釈明したいらしかった。

でも本当にそうなのだろうか、と私は文面を読みながらいくつもの疑問を胸に抱かざるを得なかった。

ＮＨＫが報道した「ひとつ残らず回収していく」というコメントは全量回収を意味し、そこに回収すべきものがすべて残っていることを暗示している。一方で「回収できるものは全部回収する」という見解は一％の回収でも成立し、そこに回収できないものがある可能性を示唆している。それらがまったく異なる意味を持つ文章であることは、職業記者であればすぐに見抜けるはずだった。

そんな初歩的なミスをプロの報道者が本当に犯すだろうか。環境省の担当者が「そのような方針を示したことはありません」とそのコメントを即座に否定したように、それらはやはり、取材者側が政権側の意向を勝手にくみ取り、自ら作り上げてしまった「虚報」なのではなかったか――。

ＮＨＫは数日後、訂正報道や再放送をすることなく、当該記事の環境省のコメントの部分だけを差し替え、その後しばらくして記事そのものを削除した。

私は一連の経緯を半ば「当事者」として取材しながら、どこか不具合のある操り人形劇を見させられているような薄気味の悪さを感じていた。

第一〇章

新しい町

51

すべては「不器用な男」の一言から始まった。

「私自身の健康と進退についてですが、昨今年齢による体力の衰えを隠せず、それは気力の衰えへとつながると自覚しております。私なりに熟考した結果、次回の町長選には立候補しないことを決意いたしました」

二〇一九年九月一一日、福島県大熊町長の渡辺利綱は大熊町議会の九月定例会において、一一月に予定されている大熊町長選に出馬しない意向を表明した——事実上の引退宣言である。

渡辺は震災前の二〇〇七年から大熊町長を務め、原発事故の混乱の中で難しい地域行政のかじ取りを担った「震災首長」である。前回二〇一五年は無投票で当選しており、現在は三期目。彼の引退は震災の風化が進む福島県内で当時の内実を知る首長が残り二人（飯舘村、川内村）になってしまうことを意味するだけでなく、東京電力福島第一原発や中間貯蔵施設といったとかく政治的な施設を抱える大熊町で、八年ぶりに選挙戦が実施されることを告げる号砲でもあった。

議会終了後、すかさず報道陣が渡辺を取り囲んだ。

――次回の町長選に出馬しない理由は？

「震災から八年が過ぎ、今年、町内の一部が避難指示解除になった。新庁舎も開庁し、一部の町民が戻ってきた。一つの大きな区切りかなと」

――体力や気力の衰え。それが一番の理由ですか？

「自覚症状がだんだん出てきた。これ以上続けたのでは周りに迷惑をかける」

――いつごろから引退を考えていたのですか？

「だいぶ前から考えていました。でもタイミングがあるので……ある程度、皆さんの前で発表するのが良いのかなと思い、今日話しました」

渡辺の回答を聞きながら、私は思わず苦笑いをしてしまった。

相変わらず、この男は嘘がつけない。「不器用」なのである。

52

私が渡辺と初めて名刺を交わしたのは二〇一八年春、前任者との引き継ぎを兼ねた送別会だった。前任者の県外異動に伴い大熊町の担当を引き継ぐことになった私は、当時大熊町役場が移転していた会津若松市内の居酒屋で渡辺と町職員、前任者と私の合計四人で会食の場を持った。

通常、私は為政者（特に自分が担当する地域の首長）とは会食をしない。緊張関係にあるべき首長と地域の担当記者が親密な関係になってしまえば、批判の矛先がどうしても鈍ってしまうし、そのしわ寄せは必ず読者や市民へと及ぶ。私はこれまでに仙台市役所と南三陸町役場を担当したことがあったが、仙台市長と会食した経験はゼロ。南三陸町長とは任期中に一度だけ酒席を共にしたことがあったが、それは私の離任時の送別会に町長が招かれ、偶然私の隣に座っただけだった。しかし、このときの飲み会は前任者の送別会を兼ねていたため、私は自腹で参加費を払って大熊町長との飲み会に参加した。

私にとって渡辺の第一印象は「真意を測りにくい人」だった。農家出身で口数が少なく、庶民的な感じで人柄は悪くない。よく言えば「武骨」。悪く言えば「タヌキ」――つまり、腹の中で何を考えているのか、実際のところはよくわからないといった印象を持った。

そんな先入観もあったのだろう。私はこれから担当する大熊町のトップの内心に迫ろうと、日本酒の杯を重ねながら少し無理をして会話を進めた。

結果、不用意なミスを犯した。

担当記者として緊急時にすぐに連絡が取れるよう、渡辺に携帯電話の番号を教えてもらえないかとお願いしたときだった。

「緊急時以外は電話しませんので、どうかよろしくお願いします」と私が請うと、渡辺は「新聞記者に携帯電話の番号を教えるのは嫌だなあ」と冗談半分で笑い、「どうせ昼夜を問わずバンバン電話をしてくるんだろう?」とテーブルに置かれた携帯電話をわざと隠すふりをした。

「そこをなんとか」と私は笑みを作りながら、つい調子に乗って軽口が出た。「仕事上、どうしても必要なんです。だって将来、渡辺さんが逮捕されることになったら、新聞には容疑者のコメントが必要でしょう?」

その直後だった。渡辺の表情が凍り付いたのだ。

頬に浮かんでいた笑みが消え、顔全体がこわばり、コップに注《つ》がれていた日本酒を飲み干して平然を装おうとしたが、うまくいかなかった。

私は即座に自分の発言を後悔した。酒の席とは言え、深い信頼関係も築けていない相手に言って良いことと悪いことがある。すぐさま前任者や町職員がその場を繕い、飲み会はその後も一時間ほど続いたが、あまり会話が弾まないままお開きになった。

帰りのタクシーの中で私は深く落ち込んだ。担当する町のトップの信頼をほぼ完全に失った。地方記者失格。その烙印《らくいん》が私の気持ちを思いの外深く沈ませた。

と同時に、私はそのタクシーの中で渡辺が見せた表情の変化をかつてどこかで見たことがあるような既視感にとらわれていた。過去に東京地検特捜部を担当し、逮捕される直前の容疑者を何人も取材した。渡辺が見せた表情の変化は、あるいはかつて私の問いかけに容疑者たちが示した表情と同種のものではなかったか……。

53

「それはあれだな、きっと新庁舎の土地問題だな」

渡辺との飲み会から数週間が過ぎたある日、大熊町役場が移転していた会津若松市内の仮庁舎で、同業他社のベテラン記者が雑談の中で渡辺の表情の変化を解説してくれた。

「土地問題？」

「そう、新庁舎の土地問題」と大熊町を担当するベテラン記者は言った。「知っての通り、大熊町は来年春に一部の地域の避難指示が解除される。そこには新しく町役場が建設される予定なのだけれど、実はその建設予定地の半分近くが渡辺町長の所有地なんだ」

「町長が自分の土地に町役場を造るんですか？」

「そうだよ、信じられないことに」とベテラン記者は自嘲気味に笑った。「嘘だと思うなら、自分で調べてみるといい。在京の週刊誌が結構詳しく報じているから」

自宅に戻ってインターネットで調べてみると、確かに大熊町の新庁舎をめぐる土地問題は二〇一七年七月、週刊誌「女性自身」によってかなり詳細に報じられていた。

　大熊町の渡辺利綱町長（69）は今年1月、町の中心部から離れた田畑が広がる大川原《おおがわら》地区にある〝大川原復興拠点〟というエリアに役場新庁舎を建設すると発表した。新庁舎建設にかかる総事業費は約31億円（河北新報3月26日付け報道）。（中略）大川原復興拠点を、人口1万人の大熊町民のうち1割の1千人と、他県から来る廃炉関係者2千人を合わせて約3千人が暮らす町にする想定だ。

　町民1千人に対して31億円の新庁舎——。到底、その人口規模に見合っているとは言えない。そのうえ、建設予定地が町長自身の土地で、売買によって町長に土地代が転がりこむというなら問題だ。

　そこで本誌は、新庁舎の建設予定地1万9439平方メートルの登記簿を調べてみた。すると、なんと5割弱の8756平方メートルが、渡辺町長の所有地であることが判明したのだ。

　各地の原発差し止め裁判や、原発避難者の訴訟などに携わっている弁護士の井戸謙一さんは、町長が自らの土地を町に売却して利益を得ることについての問題点を、こう指摘する。

「町民の代表（代理人）である町長が、自分が所有する土地を町に売った場合、自分が自分と売買契約を結ぶことになり、利益誘導を避けるための〝自己契約〟ないし〝双方代理〟を禁止している民法第108条に抵触する可能性があります。そうなると契約は無効になり、町長は町から支払われた土地代金を返還せねばなりません。公の建物を町長が所有している土地に建てるなんて、普通はしません。町長への利益誘導だと思われても、仕方ありませんからね」

（「女性自身」電子版、二〇一七年七月八日）

翌日、いわき市の法務局に出向いて大熊町内にある新庁舎の建設予定地の登記簿を取得してみると、「女性自身」が報じている通り、建設予定地の半分近くが渡辺から購入した土地であることが読み取れた。町長が自分の土地に町役場を建てる。町役場ができれば近くには商店や事務所が群集するようになり、やがて周囲の地価も上昇する。渡辺の自宅は新しい町役場のすぐそばにあると聞かされていた。

私は渡辺がなぜそのような行動を取ったのか、理解することができなかった。

54

原発立地町・大熊町の新しいリーダーを決める町長選挙は一〇月三一日、その「町長の土地」に建てられた新しい大熊町役場で告示された。

立候補したのは二人。渡辺を支え続けてきた副町長と、渡辺町政と一緒に歩みを重ねてきた町議会の議長。六三歳と六四歳の同世代。それもそのはず、二人は同じ小中学校に通い、少年期を共に過ごした幼なじみなのだ。

異例づくしの選挙戦だった。大熊町では半年前に一部の地域で避難指示が解除されたものの、帰還できた町民はまだ人口の約一％、約一二〇人しかいない。そのほとんどが町役場前の災害公営住宅で暮らしているため、選挙初日に役場周辺で第一声のあいさつを終えてしまうと、その後は会津若松市やいわき市で避難生活を送っている知人の家を訪ね歩くことぐらいしか、もうすることがないのである。

一方で、避難指示が八年ぶりに解除されたばかりの大熊町役場はそのとき、「町」という小さな行政単位ではとても解決できないほど多くの問題を抱え込んでいた。

新しい町役場が建設された大川原地区を実際に歩いてみればすぐわかる。新庁舎の脇を東西に走る幅約六メートルの町道。その南北には似たような、それでいてまったく異なる風景が広がっている。

町道の南側には原発事故で家や土地を失い、八年ぶりに故郷に戻った帰還住民が災害公営住宅で暮らす。一方、北側には東京電力の社員寮が建設され、廃炉作業に取り組む約六二〇人の東電社員が生活している。

町民の一人は両者を隔てる町道を「橋のない川」と呼んだ。

両者には実質的な交流がほとんど存在しない。東電社員は早朝に専用バスで原発へと向かい、夕方に疲れ果てて帰ってくる。彼らの多くは住民票を町に移しておらず、週末は家族や恋人の待つ首都圏に帰ってしまうのだ。

原発事故の加害企業の社員と被害者が向き合って暮らす町。

でもそれこそが、大熊町が今実現しようとしている「新しい町」の姿でもあるのだ。

住民意向調査では「戻らない」と答える住民が約六割。将来的にも約五割の町域が帰還の見通しが立たない帰還困難区域として残される。

大熊町はそれらを受けて町を原発事故前のかつての姿に戻すのではなく、帰還住民と廃炉作業などに取り組む新住民が互いに手を取り合って生活する「新しい町」の建設を目指そうとしている。

選挙戦では町が進めようとしている学校の建設も争点になった。

町の復興計画では二年半後の二〇二二年にも町内に小中学校を建設する予定だったが、放射線量の高い地域に果たして子どもたちが戻ってくるのか。たとえ戻って来られたとしても将来、被害者である地元住民の子どもと加害企業である東電社員の子どもが同じ教室で分け隔てなく勉強を続けることができるのか。いじめはないか。親の職業やその立場によって子どもの間に偏見や差別が生まれないか。

いわき市で開かれた聴衆が三〇人しか集まらなかった公開討論会（町民の多くが高齢者で県内各地に散らばっているため、遠方まで通うことができなかった）では、町内に存在している福島第一原発や中間貯蔵施設といった「迷惑施設」と今後どうやって向き合っていくのかについて候補者の二人が激論を交わした。

候補者の一人である町議長は「全国的にも例のない施設。共存しているのだから安全に運営していただく」と主張し、もう一人の候補者である副町長は「両施設はマイナスだけとは捉えず、産業の一つとして復興につなげる。廃炉には約四〇年、中間貯蔵施設の保管期限は三〇年。数千人規模で約四〇年働けるこのような場所は全国にもない」と訴えた。

事実、大熊町はこれまでも原発と「共存」し、原発によって繁栄してきた町だった。

地元紙・福島民報が震災後に出版した書籍『福島と原発――誘致から大震災への五十年』（早稲田大学出版部、二〇一三年）によると、二つの村が合併して大熊町ができた一九五四年、町役場は木造二階建てで職員はわずか一七人だった。歳入額は約一七〇〇万円。ところが、町内で福島第一原発が営業運転を開始すると、歳入額はわずか一六年で二四倍に膨れあがり、一九八〇年には三〇億円を超えた。大熊町の人口は浪江町の半分に過ぎなかったが、町財政は浪江町の二倍にも達する「裕福な自治体」だった。

その幻影をいつまで引きずって生きていくのか――。

私は「共存」を訴える二人の候補者の演説を聴きながら、なぜか胸が張り裂けそうな気持ちになった。

55

渡辺へのロングインタビューが実現したのは、大熊町長選が実施される四日前の一一月六日だった。木の匂いの漂う真新しい新庁舎の町長室で、渡辺は任期中最後の取材に応じた。

私には聞きたいことが山ほどあった。渡辺は東京電力福島第一原発が立地する大熊町の町長であり、原発事故後の混乱下で政府や東京電力と交渉を続けた、紛れもない歴史の「証言者」である。新庁舎の建設をめぐる土地の問題だけでなく、三期一二年の任期を終えるにあたり、やり残したと思っていることは何か、後悔している判断は何か、未来に語り継いでおきたいメッセージは何か。

「任期中、最も心に残った出来事は何でしたか」

私はそんな最もオーソドックスな質問でロングインタビューを切り出した。それが渡辺にとって一番答えやすい質問だろうと考えていたからだ。史上最悪レベルの原発事故が自分が首長を務める管内で起きた。未曽有《みぞう》の大災害に自分はいかに立ち向かったか。

混乱の中でいかに町民を救ったか。語るべきエピソードをその胸中に無数に抱え込んでいるはずだった。

ところが、渡辺は私の質問に意外な回答を口にした。

「私にとって、それは中間貯蔵施設の受け入れでした」

渡辺は町長在任の一二年間で最も印象に残った出来事を「原発事故」ではなく、その後の事後処理で生じた「中間貯蔵施設の受け入れ」だったと答えたのである。

福島第一原発の事故により福島県内には約一四〇〇万立方メートルもの放射性物質を含んだ大量の汚染土が発生した。国はそれらを一時的に収容するための中間貯蔵施設の建設を福島第一原発が立地する大熊町と双葉町に打診し、大熊町は二〇一四年一二月、「搬入から三〇年以内にすべての放射性廃棄物を福島県外へと運び出す」ことを条件にその巨大な迷惑施設の受け入れを決めていた。

「中間貯蔵施設の受け入れは極めて大きな判断でした」と渡辺は声を絞り出すようにしてインタビューに答えた。「先祖伝来の家屋敷を手放さなければいけない、お墓までも失うという決断ですから、『重い』とか『大変な決断だった』なんて簡単に言えるものではありません。どちらかと言えば、反対の方が多い。でもこのまま先送りしていたのでは、福島の復興は進まないし、大熊町内の汚染された土を他で受け入れてくれる場所があればいいのですが、ゼロでした。遅かれ早かれ受け入れざるを得ない環境にあった。

それが大きな理由です」

私は今回のインタビューをしっかりと後世に残すため、仙台駐在のカメラマンに頼んで渡辺の証言を動画で記録してもらっていた。スポットライトに照らされた渡辺の横顔からは、任期を終えるにあたり自らの本心を正直に語り残そうとしている意思がひしひしと伝わってきた。

だからこそ、私も彼の「嘘」に踏み込もうと思った。それは大熊町の将来に禍根を残す、取り返しのつかない「嘘」になる可能性があった。

「渡辺町長は搬入から三〇年以内にすべての汚染土を福島県外に持ち出すことを約束し、中間貯蔵施設を受け入れました」と私は「禁断の質問」を渡辺に向けた。「でも、日本国内にはまだ最終処分場がありません。本当に福島県内で生じた汚染土を三〇年以内に他の都道府県へと搬出できるとお考えですか?」

現状を客観視する限り、福島第一原発の事故によって生じた一四〇〇万立方メートルもの汚染土を、三〇年以内にどこか別の地方自治体が受け入れてくれることなどほぼ一〇〇%あり得ない。あえて「中間貯蔵」と謳ってはいるものの、汚染土を運び出すことなどできないのではないか、そこが「最終処分場」になるのではないか——それは大熊町民のみならず、事情を知り得ているすべての日本人が、あえて口に出さないものの胸の底に潜めている、公然の「嘘」であるように私には思えた。渡辺もその「嘘」の存在を認めているからこそ、「最も心に残った出来事」にあえて原発事故ではなく、中間貯蔵施設の受け入れをあげたのではなかったか。

カメラマンに視線を向けると、暗がりで小さく頷くのが見えた。録画は続いている。渡辺はスポットライトを眩《まぶ》しそうににらみ、何度かつばを飲み込んだ後、最後は政治家の表情になって質問に答えた。

「あれは国との約束でしっかりと履行してもらうことが前提です。持っていく場所がないからそのまま延長する、というような問題ではありません。国にはできるだけ早く処分地を確保してもらって、（我々を）安心させてもらいたい」

私はすかさず二の矢を放った。「では、中間貯蔵施設を受け入れる際に『もしかしたら三〇年後にも残ってしまうかもしれない』とは考えなかったのですか」

「それはゼロっていうことは……」と「不器用な男」は私の質問に戸惑いながら本音を漏らした。「場所が見つからないので延長しますなんてことは……それは考える上ではあったんですが……」

「あったのですか？」と私は驚いて聞き返した。

「ええ、まあ、でも、そういうことは許される問題ではないと思っていました」と渡辺は苦しそうに言い繕った。「これは福島県もしっかり入っていて福島県民との約束という側面も強いですから、そういう不安材料はゼロではありませんでしたが……これは守ってもらうという前提でした」

渡辺は、中間貯蔵施設を受け入れる際に、それが延長されることも考えていた、とかなり踏み込んだ内容を我々に明かした。私は多分に驚きながら、質問をもう一つのテーマ――新庁舎の土地問題――へと切り替えた。

「新しい町役場の建設用地ですが、私も調べてみたところ、約四割以上の土地が渡辺町長ご自身の所有地でした」

渡辺は突然飛び出した予想外の質問に驚き、露骨に嫌そうな顔をした。

「いえいえ、そんなにはなくて……」と彼は明らかに動揺して言葉をつないだ。「でも、まあ、この役場庁舎が建っている場所は私の土地。だいたい私の田んぼの上に建っていますから」

「町長が自らの所有地に町役場を建設する。その判断に葛藤はありませんでしたか」

「いや、一部の反対する町民からは『自分の土地を有効活用するためにここに造った』という批判が出ましたけれど、それはとんでもない話で……。ここは放射線量が低かったというのが一番の理由です」

渡辺はそこで観念したように――あるいはどこかでこうなると予期していたかのように――息を大きく吐き出して回答を続けた。

「本音を言えば、私だって土地なんか売りたくないですよ。先祖からもらった土地ですから……。ただ、自分の土地は売らずに他の地権者に協力してくださいということは通らない話で、自分の隣組なんかが持っている土地なので、いざというときに説得しやすいということはありました。だから地権者のなかでも――私の土地は八〇アールくらいだったと思いますが――六番目か七番目に面積が大きかったかもしれない。坪五〇〇〇円くらいですからね。結局、全部で一千何百万円ぐらいだったと思います……」

それが渡辺の本音だったのかどうか、私にはわからなかった。

ただ一つ言えることは、渡辺は私のインタビューに終始、「誠実」であり続けようとしていた。その「誠実さ」こそが彼の最大の「武器」であり、虚実の判断を難しくさせる「鎧《よろい》」の役割を果たしていたことに、取材者の私が気づくことができたのは、インタビューが終了してから随分と時間が経った後のことだった。

そろそろ終了してください、と町長室の扉がわずかに開いて秘書の声が割り込み、二時間以上に及んだ渡辺へのロングインタビューは終わった。

渡辺は疲れ切った表情で席を立つとき、「またいつか、こんなふうに語り合える日が来るといいですね」と私に言った。

第二章

聖火ランナー

56

東京オリンピックの開幕を告げる聖火リレーのルートが発表されたのは二〇一九年一二月一七日だった。「復興五輪」と銘打たれた今回の大会では東北地方の「復興」を全世界へとアピールするため、聖火リレーは福島県の原発被災地からスタートすることになっており、二〇二〇年三月二六日から三日間かけて県内二五市町村（発表時には避難指示が解除されていなかった双葉町を除く）を二六〇の個人や団体がつないでいく計画だった。

福島県庁でルートが発表された翌日、私は原発事故で避難区域が設定された一一市町村のルートを実際に自分の足で歩いてみることにした。リレーの当日、そこからはどのような景色が見えるのか。原発被災地を担当する記者としてまずはその「風景」を頭と靴に入れておきたいと考えたのだ。

聖火リレーの出発地点は、原発事故の収束や廃炉の作業拠点となり、その年の春に全面再開したばかりの大型スポーツ施設「Jヴィレッジ」（楢葉町、広野町）だった。

発表を聞いたとき、私は正直、悪い冗談を聞かされているような気分になった。福島第一原発から約二〇キロ。総工費約一三〇億円をかけて建設された天然芝・人工芝のグラウンド計約一〇面と客室約二〇〇の大型宿泊施設を備える「Jヴィレッジ」は、東京電力の当時の社長によって福島第一原発の7、8号機の増設計画と一緒に福島県への寄付が発表された原発増設の「見返り施設」である。「復興五輪」の聖火リレーがなぜその原因を作った加害企業の関連施設から出発するのか。考えるだけで頭がクラクラしてきそうだった。

Jヴィレッジを出て楢葉町と広野町のルートを回った後、車でいわき市や川内村のルートに向かった。翌日は町域の半分以上がまだ帰還困難区域として残されている大熊町のルートを歩いた。それぞれのコースは七〇〇メートルから長くても五キロ程度で、私は時折周囲の風景を写真に収めながらなるべくゆっくりとコースを歩いた。

歩くたびに違和感が募った。そこからは何も「見えない」。事故を起こした福島第一原発も、仮置き場に積み上げられている汚染土を詰め込んだフレコンバッグの山々も、人の手が入らずに朽ち果てそうな帰還困難区域の古い民家も、原発や東電に抗議する立て看板も、原発被災地で暮らしていれば当然目にする日常的な「風景」がそこからは一切視界に入らないようになっているのだ。

目の前に広がる「風景」は為政者や大会主催者の意思を雄弁に物語っていた。彼らが意識しているのはきっとランナーや観客ではない。東京オリンピックを報じるために世界各国から集まってくる海外メディアの視線――つまりカメラだ。彼らはその映像の中に「復興の影」が映り込むことを極端に嫌っているようだった。発信したいのはあくまでも「復興の光」であり、「復興を遂げた福島」という為政者や大会主催者がこの東京オリンピックによって作り上げたいイメージなのだ。

そう理解できたとき、私はそれまでのようには軽快にコースを歩めなくなった。福島第一原発では今も数千人の作業員が廃炉作業に従事している。県内には中間貯蔵施設に移送できないフレコンバッグの山々や《白地》と呼ばれる帰還困難区域が随所に残り、故郷に帰れない人たちがいる。それが福島の今の姿だ。そのありのままの現実を多くの人に見てもらうことが――つまり原発事故とは何かを世界で広く考えてもらうことが――福島における「復興五輪」の唯一の果実ではなかったか。

やがて浪江町のルートに到着すると、私は深く混乱し、少しの間呼吸が荒くなった。浪江町内における聖火リレーのルートは今回、最も問題視されそうな場所に設定されていた。浪江町民が希望していたJR浪江駅前などの中心市街地は一切走らず――そこは建物の取り壊しなどが進み、至るところに空き地が広がり枯れ草が伸び放題になっているためなのだが――、町の中心からは遠く離れた沿岸部にある、国が新たに建設した水素製造施設などの敷地内を約六〇〇メートル走るだけなのである。

もちろん、混乱の理由はそれだけではなかった。

聖火リレーの会場となる国の水素製造施設は、かつて浪江町議会が誘致活動を展開し、震災直後の原発事故を受けて白紙徹回された「東北電力浪江・小高原発」の予定地だった場所に建設されている。

そしてその場所こそが、浪江町長の故・馬場有が死の直前、私に取材・調査を依頼した「約束の土地」だったからである。

57

「もう一つ、あなたに調べて欲しいことがあります。今、水素製造施設の建設計画が進められている棚塩《たなしお》産業団地の土地取得の経緯についてです」

私が浪江町長の馬場有にそう切り出されたのは二〇一八年四月一八日、彼の死の直前に実施された三回目の口述筆記のときだった。

その日の雑談で、私はかつて新潟総局で新潟県中越沖地震に被災した東京電力柏崎刈羽原発を取材していたことを口にした。その中で当時、住民の反対運動によって建設計画が中止に追い込まれた東北電力巻原発の話題に触れた。

巻原発は一九七一年に東北電力が新潟県巻町《まきまち》（現・新潟市）での建設計画を発表した

ものの、住民の激しい反対運動が巻き起こり、一九九六年に日本で初の原発計画の是非を問う住民投票が実施されて、計画が撤回へと追い込まれた日本では珍しい未完の原発だった。

当時、巻原発について取材していると、関係者の口からは必ずと言っていいほど、福島県浪江町の東北電力浪江・小高原発の建設予定地で展開された反対運動の話が話題に上った。曰く、「浪江町には神様のような人がいる」。

彼らの証言や関連する書籍によると、浪江町では町議会が一九六七年に原発誘致を決議した際、建設予定地で農業を営んでいた男性が周囲を巻き込んで「棚塩原発反対同盟」を結成し、「土地を売らない」「県、町、電力会社と話し合わない」「政党と共闘しない」という独自のスローガンを掲げて激しい原発反対運動を展開した。

中でも注目を集めたのは「一坪運動」と呼ばれた作戦だった。指導者役を担った男性は自らの所有地を一三に分割し、反原発運動の活動家や漁業関係者、弁護士などに譲渡することで、自分が死んだ後も土地が絶対に東北電力に渡らないようにしていたというのだ。これらの取り組みが東北電力の息の根を止め、「浪江・小高原発を建設中止に追い込んだ」と多くの関係者が絶賛していた。

ところが、私の話を聞いた馬場は「それは事実ではない」というのである。

「事実ではない？」と私は聞いた。

「ええ、どこまで申し上げていいのかわかりませんが」と馬場は多分に困惑した表情で私に言った。「浪江・小高原発の建設計画は震災前、決して中止に追い込まれていたわけではありません。私が町長に就任した後もそれは脈々と継続していました。最大の障壁はご指摘の通り土地問題で、二人の地権者が最後まで土地を売らずに残っていた。私が申し上げたいのは、その二人の中に当時反対運動の中核を担われていた人物は含まれていなかったという事実です」

「指導者の男性も東北電力に土地を売っていたと」と私は信じられないような気持ちで馬場に尋ねた。「でもどうやって？　男性の所有地は『一坪運動』で一三人に分割譲渡されていたと聞いてますが……」

馬場は視線を伏せて頭を軽く左右に振った。「だから、私はあなたにそのことを調べてもらいたいのです。浪江町では震災前、東北電力がもしやる気にさえなれば、原発着工の一歩手前まで建設計画が進んでいた。もし本当に原発ができてしまっていたら、あの震災で今頃どうなっていたか。福島第一原発の事故よりも、もっとひどい状況になっていた可能性が高いのです。我々は震災の被災者であり、原発事故の被害者であると同時に、震災前には原発を誘致し、その原発は建設着工の直前だった。そこに至る手続きがどのように行われていたのか。どこからどのようなカネが流れ込んだのか。浪江町民はそれらの事実もしっかりと後世に伝えていかねばなりません。私はあなたにそれを調べてもらいたいと思っています」

その日から私の浪江・小高原発の土地疑惑をめぐる内偵取材が始まった。取材を開始して間もなく、浪江・小高原発の土地取得をめぐっては東北地方のブロック紙「河北新報」が二〇一四年にすでに大まかな経緯をスクープしていることがわかった。福島県立図書館に駆け込んで過去の河北新報をめくってみると、当該の記事は二〇一四年一月三日から五日の三日間、特集記事として一面トップで掲載されていた。

《土木会社が10億円提供／基準額超で用地買収》

「このままでは浪江・小高原発ができない。カネに糸目を付けず、反対派の土地を買収してくれないか」

中部地方の土木会社の元幹部は、旧知の大手ゼネコン鹿島の役員と仙台市内で会い、そんな依頼を受けた。東北電力が新潟県巻町（現・新潟市）に建設を目指した巻原発計画が住民投票の結果、頓挫しつつあった1995～96年のことだ。

（中略）土木会社は（中略）土地買収の裏工作資金として約10億円を用意した。

資金は、地元で反対派の切り崩しを担う福島県浪江町の不動産会社に渡り、土木会社の現地担当者も加わって買収工作が始まった。

最重点は、地元で反対運動を長く指揮していた男性（故人）の所有地。「トップが落ちれば、ほかの地権者も次々に土地を手放すだろう」（不動産会社関係者）と見込んでいたからだ。

不動産会社は、この反対運動指導者の男性が97年2月に亡くなるまでに、同町棚塩の山林などを1億円近くで買い取る約束を取り付けた。不動産会社の関係者によると、男性の土地は、東北電が国土利用計画法に基づいて地権者代表と合意した買収基準価格では、約4000万円相当だった。

（中略）反対運動指導者が買収に応じたことで、ほかの反対派地権者も相次いで土地を売った。全国の反原発運動の中でも、固い結束で知られた地元農家による「原発から土地を守る運動」は、巨額の土建マネーの流入で事実上崩壊し、東北電は福島第1原発事故前までに、計画地の98％を取得した。

（「河北新報」二〇一四年一月三日）

目の飛び出るような調査報道だった。

河北新報の記事はわかりやすく言うと、全国の反原発運動の支援者らから「神様のようだ」と崇《あが》められていた浪江町の指導者が生前、裏金工作によって所有地を東北電力側に売り渡す約束をしていた、その結果、東日本大震災の発生時に浪江・小高原発の建設予定地で売却されずに残されていた土地は全体のわずか二%に過ぎなかったと報じているのである。河北新報は特集記事の最終回で「一般に『浪江・小高原発を食い止めた』と評価されている反対運動も、その末期には巨大利権を背景にした現金攻勢にさらされ、事実上崩壊していた」と結論づけていた。

馬場が暗示した通り、浪江・小高原発の土地取得には「黒いカネ」が流れ込み、東日本大震災の直前まで原発の建設計画が着々と進行していた。私は独自に河北新報が報じた疑惑を追跡するため、「一坪運動」の舞台となった土地の登記簿を取得し、その登記簿に記載されていた指導者的な役割を担った男性の親族や、一三分割された土地を所有していた共有者などを約二年間かけて取材し続けてきていた。

その土地なのである。

日本オリンピック委員会が「復興五輪」の聖火リレーの初日、最大の原発被災地である浪江町のルートに選んだのは、「黒いカネ」によって土地買収が進められ、原発事故を受けて建設計画が中止へと追い込まれた、浪江・小高原発の予定地に建設された国の施設なのである。

東日本大震災後、浪江・小高原発の建設計画を撤回に追い込まれた東北電力は「用済み」となったその広大な土地を浪江町に無償で寄付し、その後、原子力行政の失敗による損失を償うかのように経済産業省が国の水素製造施設の建造計画を立てていた。つまり原発事故によって立ち消えになった未完原発の「代替施設」の中を「復興五輪」の聖火ランナーたちは走るのである。

あまりにも浪江町民を侮蔑している――そう感じた私は聖火リレーが浪江町を駆け抜けるタイミングに合わせて、浪江・小高原発の旧建設予定地における不透明な土地取引に関する疑惑を新聞に発表できないかと考えた。

浪江町議会が東北電力の原発を誘致した後、地元で巻き起こった猛烈な反対運動。反対派のリーダーが自らの所有地を分割譲渡してまで死守しようとした土地。その土地が「黒いカネ」によって電力会社へと秘密裏に売却された経緯。建設予定地の九八％の買収が完了した段階で起きた福島第一原発の事故と、直後に白紙撤回された浪江・小高原発の建設計画。その跡地に国が次世代エネルギーとして掲げる水素の製造施設が建設され、「復興五輪」の象徴として聖火ランナーが駆け抜けようとしている不条理。そんな「国策」に翻弄された土地の物語をこの地に通い詰めた記者の視点で一本のルポルタージュにまとめ上げることはできないか――。

国の水素製造施設では聖火リレーが実施される直前の三月七日に開所式が行われることになっていた。

早速、原稿の準備に取りかかろうとした矢先、私のもとに「ある情報」が飛び込んできた。

三月七日の開所式には政府要人が出席を予定している。その要人は施設で製造される水素の一部が東京オリンピックの聖火台や聖火ランナーのトーチで使用されるため、宣伝の一環としてこの地を訪問するのだという。

複数の関係者によると、その要人とはどうやら「内閣総理大臣・安倍晋三」であるらしかった。

58

福島県浪江町に建設された水素製造施設「福島水素エネルギー研究フィールド」の開所式は震災九年を目前に控えた三月七日に開催された。当日は内閣総理大臣が出席するということもあり、会場は首脳サミットで見られるような厳重な警備態勢が敷かれていた。

私は会場の入り口で持ち物検査を受けた後、配布された水素製造施設のパンフレットを見ながら式典までの時間を潰した。パンフレットにはこれらの施設が「国立研究開発法人新エネルギー・産業技術総合開発機構」の事業の一環として建設され、東北電力や東芝といった原発関連企業が主体となって運営されていくことが明記されていた。

事前に取材した限り、その巨大な国の研究施設は原発被災地にはひどく不必要な施設であるように私には思えた。広大な敷地内に約六万八〇〇〇枚のソーラーパネルを敷き詰め、太陽光発電で得られた電気を使って水を電気分解して水素を製造することがその施設の最大の「売り」らしかったが、詳しく取材してみると、製造した水素の利用先は直近の東京オリンピックの会場で使用される燃料電池車や聖火台、聖火リレーのトーチなどに限られ、その他の供給先はまだ一切決まっていない。地域の雇用に利するかといえばそうでもなく、事業所の従業員は一〇人で専門性を要するために福島県外からの雇用になるという。

経済産業省の担当者はひどくぞんざいな態度で私の取材に応じた。

「発表資料には世界最大『級』とありますが、『最大』なんでしょうか、『最大級』なんでしょうか？」

「どっちでもいいですよ。世界最大『級』と書いてあるなら、世界最大『級』と書けばいいんじゃないですか」

「『級』とする理由は何ですか」

「小さい施設をつないで製造量を大きくするというのは他にもありますので、太陽光を使う一ユニットとしては最大。それで良いですか？」

製造量が最大でも最大級でもないのに「最大級」と謳って本当にいいのか。私は疑問に感じながら「建設費はいくらになるのでしょうか？」と質問を続けた。

「公表していません」

えっ、と私は驚いて聞き返した。「公表していないって……でもこれは国の公共事業ですよね。国民の税金が使われている以上、我々も建設にかかった金額を記事に盛り込まなければいけないのですが……」

「公表していませんので」と経産省の担当者は感情を持たない人工知能のような声で言った。「他の報道機関にも同じように対応しています。その対応を変える気はありません」

「他の報道機関は関係ありません」と私は気持ちをできるだけ抑えて冷静に反論した。「この施設が国の税金で造られている以上、私は建設費の記述なしでは記事を書けないとお伝えしています」

結局、経産省の担当者は私の取材には水素製造施設の建設費用を一切明かさなかった。

後日、事業に参加している福島県や浪江町の担当者に調べてもらうと、その建設費は約二〇〇億円に上ることがわかった。私は憤った。元々は東北電力が浪江・小高原発を建設するために「黒いカネ」を流し込んで地元から買収した土地であり、国が震災後、「用済み」となった空き地を使って「罪滅ぼし的」に造った施設に今、二〇〇億円という巨費を投じる必要性が本当にあるだろうか……。

開所式の会場では広報担当者が取材に訪れた記者やカメラマンに忙しく対応していた。私はその広報担当者の一人に「式典後に予定されている総理大臣のぶら下がり（立ったまま実施される簡略的な記者会見）に参加したいのですが」と申し出てみたが、案の定、「参加できるのは東京からの随行記者だけです。場所も時刻も教えられません」と断られてしまった。

事前に入手した資料によると、総理大臣はこの日、最初に福島県双葉町を訪問し、全線再開を間近に控えたJR常磐線の双葉駅や常磐自動車道の常磐双葉インターチェンジの開通式などに参加した後、浪江町に移動して水素製造施設の開所式に出席する予定になっていた。

その日程の最後に私は気になる記載を見つけた。

開所式の終了後、総理大臣が報道各社のぶら下がりに応じるというのである。

ところが、事前に広報担当者に確認してみると、そのぶら下がりに私は出席できないらしかった。参加できるのは東京から随行してくる官邸記者クラブの総理番記者だけで、地元の記者は質問はもちろん、出席すら認められないというのである。

福島で三年間取材を続けてきた私にはこの国の最高責任者に聞きたいことが――あるいは聞かなければならないことが――たくさんあった。原発事故から九年が過ぎた今も故郷に帰れず避難生活を続けている人の気持ちをどのように受け止めているか。廃炉作業が続けられている福島第一原発や大量の汚染土が運び込まれている中間貯蔵施設についてどのような見通しを持っているか。常に放射線量を気にしながら「福島で子どもを育てて良いのだろうか」と悩み続ける母親たちにかけてあげられる言葉はあるか。そして今、この水素製造施設が建設されている浪江・小高原発の予定地がそうであったように、今後も原発を建設・運転し、原子力をこの国のエネルギー政策の主軸に据えていくつもりなのか。

総理大臣の会見(特にぶら下がり)は事実上政治部に独占されており、質問の事前通告など制約や制限が極めて多く設けられていることは、私もメディアの末席に身を置く者として熟知していた。

しかし、総理大臣がこの日視察に訪れるのは東京ではなく福島だ。水素製造施設がある浪江町は私の持ち場だ。現地を最も良く知る取材者が、現地を視察に来た為政者に何を感じたのかを質問するのは当然であるように思えた。

だから、私はそのぶら下がりに「潜り込み」、無通告で質問をぶつけることにした。

59

開所式の開会を告げる女性アナウンサーのさわやかなコールに合わせ、内閣総理大臣・安倍晋三は水素燃料で走行する燃料電池車を自ら運転して登場するといった奇抜な演出で会場に姿を現した。

その直前、総理大臣に随行してきた総理番らしき記者の一行が会場に到着したのを私は見逃さなかった。皆、長旅に疲れ切ったような表情で、腕に「内閣」の腕章を巻いている。安倍が壇上でスピーチをしている間、私は彼らの動きをずっと目の端で追っていた。

すると、安倍がスピーチを終えた瞬間にその一群が突然、誰かに導かれるようにして別の場所へと移動し始めたのだ。

私はそれとなく彼らの後ろをついていくことにした。

総理番の一行が向かった先は、開所式の式典会場から二〇〇メートルほど離れた水素製造施設の裏側にあたる通路だった。幸い、私は誰からも制されることなく、許可のいる場所にも立ち入っていない。

問題は私の服装だった。原発被災地で勤務している私はいつでも現場に飛び出せるよう、普段からアウトドアウェアを着用している。全員がスーツ姿の総理番の中で一人だけアウトドアウェアの人間が紛れ込んでいれば、必要以上に目立ってしまう。

私は会場にセッティングされていたテレビカメラの三脚の下にしゃがみ込み、代表取材が許可されているテレビ局の撮影助手のような雰囲気を装って、ぶら下がりが始まるまでの時間をなんとかやり過ごすことにした（ただ、その作戦はどうやら失敗していたようだった。官邸や国会で政治家を撮影するカメラマンや撮影助手は通常、記者と同じくスーツ姿で仕事をするということを私は後になって同僚のカメラマンから教えられた）。数人の総理番から好奇の目で見られたり、会見を取り仕切る内閣広報室員や警護官から若干の視線を感じたりしたが、それらについてはあえて無視することにした。

「総理、入ります」という広報担当者の一声に続き、安倍は警護官に囲まれて総理番の前に現れた。それまで何度も発声の練習を続けていた女性記者がマイクを差し出し、質問を一問だけ、安倍に向かって問いかけた。

「東日本大震災から間もなく九年となるなか、震災や原発事故の影響で避難生活を余儀なくされている方は先月の時点で四万七〇〇〇人にのぼっています。節目となる一〇年を前に、これまでの政府の復興政策についてどのように総括されますか」

安倍は事前に説明を受けていたのだろう、その質問に頷くと、官僚によって作成された回答を実に四分以上かけて一方的に話し始めた。

「来週いよいよ、JR常磐線が全線開通いたします。それを控えて発災以来、町全体で避難が続いていた双葉町では一部で避難指示が解除され、本格的な復興に向けて大きな一歩が踏み出されました。本日、常磐自動車道・常磐双葉インターチェンジが開通いたしましたが、政府はこれまで復興の基盤インフラの整備に力を尽くして参りました。

（中略）福島の復興なくして日本の再生なし。この考え方のもとに福島が復興するその日が来るまで国が前面に立って全力を挙げて参ります」

あまりに衝撃的な——同時にあまりに絶望的な——内閣総理大臣のコメントだった。

私は、あるいは彼は一日のうちに沿岸部のいくつもの場所を訪問したので、自分が今どこにいるのか把握できていないのかもしれないな、とさえ思った。

彼がそのとき立っていたのは事故を起こした福島第一原発からわずか八キロの場所だった。近くの請戸漁港からは第一原発の排気筒などがはっきりと見える「目と鼻の先」。それほど事故原発に接近しながら、原発という言葉を一度も使わず、原発事故への認識についても語らない会見者に、私はそれまで会ったことがなかった。

「終わります」という広報担当者の号令によってぶら下がりはたった一問の質問だけで打ち切られた。それが総理大臣会見の慣例なのだろう。質問を続ける記者も、その終了の仕方に異議を唱える記者もいない。発言を終えた安倍は当然のように数十メートル先で待ち受けている黒い車の方へとその場を足早に立ち去ろうとした。

「すいません！」

次の瞬間、私はテレビカメラの三脚の下から手を上げて、冷静に大きな声で安倍の背中を呼び止めた。

「地元・福島の記者なのですが、質問をさせていただけませんでしょうか」

すると安倍はその場で立ち止まり、不思議そうに私の方を振り向くと、五、六歩戻って再びカメラの前へと戻ったのだ。

正直、意外な反応だった。奇しくもその一週間前に新型コロナウイルスの蔓延《まんえん》を受けて安倍が官邸で初めて開いた記者会見が大きな社会問題になっていた。自らの判断で学校休校や全国的なイベントの自粛を求めたのに、抽象的な持論を述べただけで質問を五問しか受けずに一方的に会見を打ち切った官邸側のやり方にネット上で激しい批判が寄せられていた。あるいはそんな世論を彼は気にしているのではないかと私は思った。

ルール違反——内閣府担当者や総理番からの鋭い視線が私へと注がれた。周囲の状況を見る限り、質問は一問に限られそうだった。私は咄嗟《とっさ》に自分が一番聞きたい質問を脳内に探し、最高責任者へとぶつけた。

「ここ福島でオリンピックが開かれます。安倍総理はオリンピックを招致する際、第一原発は『アンダーコントロールだ』と言いました。今でも『アンダーコントロール』だとお考えでしょうか」

それは私だけでなく、福島県沿岸部で暮らす人であればきっと誰もが疑問に感じている質問だった。

安倍は二〇一三年九月、アルゼンチン・ブエノスアイレスで開かれたIOC総会で、東京電力福島第一原発を「アンダーコントロール」と表現し、東京オリンピックを誘致していた。

その会場で彼はこう言い放った。

「福島については私から保証いたします。状況は『アンダーコントロール』です。東京には、いかなる悪影響にしろ、これまで及ぼしたことはなく、今後とも、及ぼすことはありません」

それが明確な「嘘」であることを福島の沿岸部に暮らす人々は完全に見抜いていた。

原発事故からどれだけ年月が過ぎ去っても、人々の心配事は常に廃炉作業が続けられている福島第一原発の安全性であり続けてきたからである。頻繁にニュースで取り上げられる汚染水の問題だけではない。原発建屋はすでに津波で大きな被害を受けている。その「壊れた原発」が次なる地震や津波に耐えられるのか。未知の領域であるメルトダウンした燃料デブリの回収で新たな事故は生じないのか。何かあっても、また「想定外だった」と言い訳するのではないか。大量の放射性物質が再び放出され、町民はまた住み慣れない土地へと避難を強いられるのではないか……。

病死した浪江町長の馬場有は生前、冗談とも本気ともつかないことを私に語った。

「二〇一三年ごろでしたかね、政府の担当者に町内に一時帰宅者用の核シェルターを造って欲しいと要望したことがあるんです。『壊れた原発』なんて実際、またいつ壊れてもおかしくありませんからね。もしそうなった場合、一時帰宅中の町民は逃げ場がなくなる。だから事故を想定して、町内に核シェルターを造って欲しいと――」

　現実を直視するならば――これは東京電力も認めているように――福島第一原発の廃炉は計画通りには進んでいない。東京電力は廃炉までの道のりを「三〇～四〇年」と公表しているが、その実現可能性はほぼゼロに近いと言っていい。実際にはその達成が五〇年後になるのか一〇〇年先になるのか、今は誰にもわからない。その前提となる「廃炉とは何か」という定義でさえ、未だにはっきりとは定められていないのが実情なのだ。にもかかわらず、それらの現実を公の場では決して口にできない雰囲気が今、福島には確かにある。

　なぜか――。

　そこに東京オリンピックがあるからだ。「復興五輪」が来るからだ。日本の総理大臣が福島第一原発の現状を世界に「アンダーコントロール」だと紹介した、その事実こそが原発や廃炉に携わる人々の口を噤《つぐ》ませている。その正当性に疑義を唱えることは、多くの国民が楽しみにしているオリンピックに泥を塗ることにつながるのではないか、「復興五輪」の足を引っ張ることになるのではないか。多くの人がそう考え、感じているからこそ、福島では今、「本当のこと」が言えない。

　私はいつからかこの「アンダーコントロール」という言葉こそが今の福島を苦しめ続けている元凶ではないか――もっと踏み込んで言えば、今の福島の現状は「アンダーコントロール」という言葉によってコントロールされているのではないか——と考えるようになった。先の戦争でも「全滅」を「玉砕」、「敗戦」を「終戦」と言い換え、為政者たちの責任を曖昧にしてやり過ごしてきたように、今まさに壊れた原発を「アンダーコントロール」と呼び、東京オリンピックを「復興五輪」と言い換えることによって、政府は被災地の不平を相互監視の目で封じ、福島を国民の団結の象徴として東京オリンピックの開催に利用しようとしている。聖火リレーのスタート直前に内閣総理大臣がこの原発近接地を訪問することは、その象徴と呼べる出来事ではなかったか——。

「まさにそうした発信をさせていただきました」

事前通告のない記者からの質問は随分と久しぶりだったのだろう、安倍は私の質問に一瞬怪訝《けげん》そうな顔を見せたが、すぐさま表情を元に戻し、「台本」にはないたどたどしい口調でテレビカメラに向かって「アンダーコントロール発言」についての持論を訥々《とつとつ》と話し始めた。

「いろいろな報道がございました。間違った報道（傍点は著者）もあった。その中で正確な発信をいたしました。そしてその上においてオリンピックの誘致が決まったものと思います」

間違った報道……？　私は一瞬、自分の耳を疑った。

彼の発言はつまりはこういうことらしかった。福島第一原発の現状を伝える一部の報道は「間違い」である。その中で自らが発信した「アンダーコントロール」という表現が正しいのであり、それによって東京オリンピックを誘致できた――彼は本当にそう信じているらしいのだ。

その事実に私は驚き、混乱と困惑ですぐには正しい思考ができなくなった。それはあまりにも稚拙で、独善的で、同時に危険な認識であるように私には思えた。客観的な事実を見れば、福島第一原発は「アンダーコントロール」とはとても呼べない。だから福島県知事も東京電力福島復興本社の代表でさえも、総理大臣の「アンダーコントロール」という発言を断じて肯定していない。にもかかわらず、それらの報道を「間違った報道」と切り捨て、彼自身が第一原発を「アンダーコントロール」だと思い込んでしまえば、この地で暮らす人々の日常や不安はその思い込みに覆い隠されて見えなくなる。本来、為政者が真っ先に取り組むべき廃炉や帰還などの政策が大幅に遅滞する悪夢へとつながっていく。

彼はきっと「知らない」のだ――かつての私がそうであったように。

廃炉作業が思うように進んでいない福島第一原発の現実も。《白地》と呼ばれる一〇〇年以上も住民が住めない帰還困難区域が広がる沿岸部の風景も。そこで暮らす人々の気持ちも。ただ故郷で暮らしたいと願う、県外でそれぞれ避難生活を送る家族が離れて見る夢も。

自信満々に回答を述べた総理大臣のその晴れやかな表情を見たとき、私は絶望にも似た感情と共に、誰かが彼にそれを伝えなければならないという焦燥感を覚えた。

知ることは簡単ではない。でも誰かがそれを伝えなければ、この地域は——そしてここで暮らす人々は——永遠に国家や国民から置き去りにされてしまう。そのためには……。

私は慌てて手を挙げて次なる質問を発しようとした。しかし、声は無慈悲な喧噪《けんそう》にかき消され、総理大臣はスーツ姿の男たちに囲まれて車列の奥へと消えてしまった。

終章　一〇〇〇年先の未来

「先ほどバッハIOC(国際オリンピック委員会)会長と電話会談を行い、改めて東京オリンピックの中止はないということについて確認いたしました。その上で現下の状況を踏まえ、世界のアスリートの皆さんが最高のコンディションでプレーでき、観客の皆さんにとって安全で安心な大会とするために約一年程度延期する、遅くとも二〇二一年の夏までに東京オリンピック・パラリンピックを開催するということで合意いたしました」

内閣総理大臣・安倍晋三が東京オリンピックの延期を正式に発表したのは、彼の福島県浪江町の視察から一七日が過ぎた二〇二〇年三月二四日の夜だった。首相官邸で開かれたぶら下がりの場で、安倍は世界的に拡大し始めた新型コロナウイルスの回避を延期の理由に挙げる一方、二〇二一年夏に開催される予定になった大会における新たな政治的な意味を付け加えることも忘れなかった。

「人類が新型コロナウイルス感染症に打ち勝った証として、完全な形で東京オリンピックを開催するためにIOCと緊密に連携をしていく。日本として開催国の責任をしっかりと果たしていきたいと思います」

インターネット中継で総理大臣の発言を聞きながら、私はなぜかそのとき、清々《すがすが》しい気持ちになった。総理大臣が語る東京オリンピックにはもう「復興」という形容も「被災地」という地名も含まれていない。それは政府がこれまで執拗《しつよう》に提唱してきた「復興五輪」という概念が過去のものになり、別の物へとすり替わった瞬間でもあった。


震災九年となる三月一一日は木村紀夫と中間貯蔵施設の予定地内にある彼の自宅へと向かった。木村はまだ遺体の大部分が見つかっていない次女の汐凪を捜すためしばらく海岸沿いを歩いた後、高台に設けられた慰霊碑に上り、津波で亡くなった三人の家族のために時間をかけて花を供えたり、水を換えたりした。

「ちょっと行ってみますか？」

その日は震災記念日の取材で東京から来たメディアも同行していたため、木村は初めてこの地を訪れる彼らのために自ら中間貯蔵施設の「メディアツアー」の案内役を買って出た。木村のバンと私のランドクルーザーに分乗し、我々は高々と積み上げられているフレコンバッグの山や、汚染土の量を減らすために建設されたどこか怪しげな減容化施設や、現実感が持てないほどに広大な――まるで巨人のバスタブのようにも見える――汚染土の埋め立て予定地などを視察して回った。

最後に立ち寄ったのは、海岸線のすぐ近くに建てられていたヒラメの旧養殖場だった。津波で壊滅したその水産施設は福島第一原発から出る温排水を利用して冬場でもヒラメやサケマスなどを養殖できるよう一九九五年に建設されたもので、津波で特徴的なアーチ状の木造屋根だけが残されており、それはまるで戦時中に日本軍が敵からの空襲を避けるために建造した戦闘機の格納庫にそっくりだった。施設の構造上、原発のすぐ近くに建設されており、当然、放射線量も高い。持参した線量計は旧養殖場の手前ですでに「毎時八マイクロシーベルト」を計測し、不快な電子音を発していた。

私としては何度も立ち寄ったことのある場所だったが、東京から初めて訪れたメディアにとってはやはり原発と津波で破壊された建物を同時にフレームの中に収められる格好の撮影ポイントであるらしく、彼らはすぐさま旧養殖場をバックに木村のインタビューの収録を始めた。

私はその間、旧養殖場の周辺をぶらぶらと歩いて時間を潰していたが、ふと津波で破壊された旧養殖場の管理施設の壁に英語の落書きがあったことを思い出し、それを見に行ってみようという気持ちになった。

福島の沿岸部には不似合いな、スペイン南部を思わせる明るい黄色で塗装されたその管理施設は、今はお化け屋敷のようになって伸び放題の枯れ草の中に佇《たたず》んでいる。コンクリートの壁は強烈な津波の一撃によって破壊され、その断片が辛うじて鉄筋や配管の

れていた。

一部に付着しているような状態で、その断片をつなぎ合わせるようにして落書きは記さ

「TEPCO WILL LAST FOR 1,000 YEARS」（東京電力は一〇〇〇年続く）

黄色い壁の断片に赤字のスプレーで刻まれたその落書きは、いくぶん薄くはなってい

るものの、まだ十分に読み取れるだけの筆跡を残していた。

私はそのメッセージを声に出して読み上げてみた。

「TEPCO WILL LAST FOR 1,000 YEARS」

一般的な日本人は「Last」という英単語を「続く」という意味ではあまり使わない。

あるいは、この落書きは英語圏のネイティブによって記されたものなのだろうと私は推

測した。落書きの「犯人」は震災直後にこの地に入った救助隊員か、もしくは震災を記

録するために訪れた私と同じメディア関係者だったのかもしれない。

では、彼らがその落書きによって伝えたかったものとは何か――。

時間を持て余していた私は、そんな謎解きにしばらく戯《たわむ》れてみることにした。

東京電力は一〇〇〇年続く――それはある意味、実現可能性の高い未来であるように

思われた。現代社会は便利な電気を基盤としており、この世に電気がある限り、東京電

力は（名称は変わっているかもしれないが）一〇〇〇年先もやはり存続しているに違いなかった。

では、一〇〇〇年は続かない――つまり「Last」しない――ものとは何か。

それはきっと我々人間の命だろうと私は思った。どんなに科学が進歩しても、我々は一〇〇〇年の命を手に入れることはきっとできない。

ではさらに、東京電力以外に一〇〇〇年以上にわたって続いていくものとは何だろう。極あるいは国家というものであれば、そこに含まれるのかもしれないと私は思った。極東の島国を占有する、日本という名の小さな共同体。我々や我々の子孫がこの先も賢明さを失うことがなければ、一〇〇〇年先の未来にもきっと日本という国が存続している。国家を維持するためには「血液」として電力がいる。東京電力が一〇〇〇年続くという落書きは、つまりそういう意味ではなかったか。

そんなふうに思考のパズルが組み上がった瞬間、私は思わず「あっ」と声をあげ、自分がこれまでに犯してきた致命的なミスに気づかされた。

「彼ら」は間違ってなどいなかった。勘違いしていたのはきっと「私」の方だったのだ。この地を呪文のように覆ってきた「復興五輪」という言葉。私は福島で取材を始めてからずっと、それは為政者がオリンピックを誘致するために利用した口実に過ぎないと考えていた。

でも、違う。それらは明確な意味での誤りだった。

政府が掲げる「復興五輪」――その言葉自体に偽りはない。ただ、その対象が彼らと私では違っていたのだ。彼らが掲げる「復興」とは、原発被災地や津波被災地の「復興」ではなく、彼らが暮らす首都・東京の「復興」。もっと踏み込んで言えば、その東京に電気を送る東京電力の「復興」ではなかったか。

そう考えてみると、これまで積み重なっていたすべての疑問に合点がいった。東日本大震災の直後に東京都知事の石原慎太郎が最初に「復興五輪」という呼び名を提唱したことも。ブエノスアイレスで開かれたＩＯＣ総会の場で、日本の総理大臣が福島第一原発を「アンダーコントロール」と説明したことも。オリンピック開催の象徴である聖火ランナーが原発事故の加害企業である東京電力の関連施設「Ｊヴィレッジ」からスタートすることも。復興を遂げるのは、原発事故を背負った福島でもなければ、津波の被害を受けた東北でもない。その主語が厳格な意味での「東京」だったのだとするならば……。

私は暗澹《あんたん》たる心持ちになり、同時に強く確信した。

東京は次なるオリンピックの開催を機に過去を拭い去り、再興に向けて勢いよくスタートダッシュを切るだろう。あるいはこのままオリンピックが開かれなかったとしても、何かまた別のイベントを作り出し、「成功」を演出するに違いない。それはそれで構わない。でも、福島はきっと東京のようには前に進めない。拭い去ることのできない、あまりに多くのものをすでに抱え込み過ぎているからだ。それは廃炉作業が思うように進まない壊れた原発であり、帰還の見通しが立たない《白地》と呼ばれる帰還困難区域であり、癒えることのない人々の心の痛みだ。福島はそれらをずっと引きずったまま、再び東京に利用され、きっと消費されていく。

首都圏に電気を送るための東京電力の原発がなぜ、この東北電力の配電管内である福島県内に建設されたか。その理由は考えるまでもなく明白だった。危険だからだ。危ないからだ。万一、過酷事故を起こしたとき、人口や首都機能が集中する「東京」をその距離的要因によって守る必要があるからだ。政治家や学者は「想定外だった」と言い訳を述べるが、当然彼らは想定していた。だから福島に造ったのだ。「東京」から十分に距離を置いたのだ。福島県民ももちろんそれらの事情を承知した上で原発を受け入れ、結果、自らを犠牲にして「東京」を守った。でも、その判断は果たして正しかったのか……。

吹き上げてくる海風の中で、私は数カ月前に実施したある現職官僚のインタビューを思い出していた。

彼は私の取材に——ＩＣレコーダーが回っていることを認識した上で——こう告げた。

「東京電力ですか……現場は一生懸命やっていると思いますが、まあ、彼ら（東京電力）にとっては福島は全然メリットがないわけじゃないですか。カネを生み出すわけでもなければ、廃炉を急いでやらなければいけないというわけでもない。明らかに撤退モードですし……だから優秀な人はどんどん柏崎（東京電力柏崎刈羽原発）に行っています。だけれど、『福島の復興』というのが彼らにとっては外せないわけで、まあ、お付き合いでやっていますが、たぶん急いでやるつもりやカネをかけてやろうというつもりはないでしょう」

愕然《がくぜん》とする私に向かって、彼は同時に「国家」についてもこう告白した。

「国もいつまでも福島の復興ばかりに携わってはいられません。財政的にも国が全部の面倒を見ることなどとてもできない。復興もだんだん撤退に入っていくでしょうし、廃炉は急いでやる必要性がもうまったくありませんから……」

私は心が壊れそうになって、防御的に空を見上げた。春の空には霞《かすみ》がかった小さな雲が浮かび、その間を渡り鳥の群れがV字を組んで飛んでいくのが見えた。斜めから柔らかな光が差し込む私が見あげているその光景は、あるいは数万年前の太古から何一つ変わっていないように思われた。

一方で、彼らが見下ろしている地上の景色はどうだろう。津波によってあらゆる人工物が破壊され、がれきの撤去さえ進んでいない旧養殖場の一画にそのときの私は佇んでいた。そのすぐ隣には溶け落ちた核燃料（燃料デブリ）を体内に抱え込んだままの「事故原発」という化け物が横たわっている。その周囲に広がる広大な敷地は、住民の帰還の見通しが立たない「白い土地」と、「搬入後三〇年以内にすべての汚染土を福島県外へと運び出す」という公然の「嘘」により、約一四〇〇万立方メートルもの汚染土が運び込まれる「中間貯蔵施設」——。

そうか、と私は力なく声を漏らした。

一〇〇〇年先にわたって続くものがもう一つあった。

それはきっと放射能だ。

この地が「最終処分場」になり、原発事故で溶解した核燃料や高レベルの放射性廃棄物が運び込まれるようなことになれば、数万年にわたってそれらを管理しなければならない可能性を専門家たちは警告していた。

東京電力は一〇〇〇年続く——それは国家に電力を供給していく役目を担うよりむしろ、この人類が生み出した最悪の猛毒を管理するために、彼らは存続していくのではなかったか。

胸の線量計が「ピー」という不快な電子音をあげ、思考が現実へと引き戻される。液晶画面に映し出される忌々しいそれらの数値は、それを所持する人間に早急にその場から退去するよう命令している。

我々はその数字の累積によって管理され、同時に監視されている。

私はその小さな装置を胸から取り外し、荒々しい海に投げ込みたい気持ちでいっぱいだった。

主要参考文献

・青木美希『地図から消される街 3・11後の「言ってはいけない真実」』（講談社現代新書、二〇一八年）
・朝日新聞特別報道部『プロメテウスの罠 明かされなかった福島原発事故の真実』（学研パブリッシング、二〇一二年）
・恩田勝亘『新装版 原発に子孫の命は売れない――原発ができなかったフクシマ浪江町』（七つ森書館、二〇一一年）
・岸チヨ『集団服毒自決・生還への手記 福島県下学田開拓団の奇跡』（新風書房、二〇一七年）
・添田孝史『東電原発裁判――福島原発事故の責任を問う』（岩波新書、二〇一七年）
・福島民報社編集局『福島と原発――誘致から大震災への五十年』（早稲田大学出版部、二〇一三年）
・布施祐仁『ルポ イチエフ 福島第一原発レベル7の現場』（岩波書店、二〇一二年）
・船橋洋一『カウントダウン・メルトダウン 上』（文藝春秋、二〇一二年）

解　説

渡辺一枝

集英社の担当編集者からこの文庫本の解説の執筆について打診があった時、私はすぐにお引き受けした。私は著者のファンで、ハードカバーでもこの本を読んでいたからだった。のっけからそんな私的なことをご披露してしまったが、もう少し私的なことを述べるのをお許し頂きたい。

私は1945年1月に、ハルビンで生まれた。翌年9月に引き揚げたから記憶は全くないが、そんな出自から、「満州」には強い関心を持っていた。自身でも幾度となく通ったし、関連書籍も多く読んできた。2015年暮れに、新聞広告で『五色の虹　満州建国大学卒業生たちの戦後』の刊行を知って、すぐに購入した。本を手にして、まずカバーの裏を見て驚いた。著者の近影とプロフィールがあり、そこには「1974年神奈川県生まれ」と書かれていたからだ。それまで私が読んできた満州関係の本は研究書を別にして、そのほとんどの著者は、そこでの生活の記憶を持っていて、私より年長者だった。手にした本の著者が、戦争が終わってから29年後の生まれだと知って驚いたのだ。

読み進めるうちに、これまで私が気付こうとしなかった「満州」の別の姿に目を開かされた。「満州」というと開拓団のことで語られることが多いが、当時満州に居たのは開拓団ばかりでなく都市生活者や官吏、軍関係者も多くいた。それまで私が現地で話を聞いてきたのは開拓団関係者が多く、残留婦人・残留孤児と称されてきた人たちや、満蒙開拓青少年義勇軍に参加していた人たちだ。私は、満州で都市生活者や役人だった人の体験を聞くことはなかった。

私が生後6ヶ月の時に根こそぎ動員で召集され、そのまま帰ってこなかった父の記憶は私には全くない。長じてから母や生前の父を知る人から聞くと、10代の頃から当時の帝国主義思想に反発していたという。20歳の兵役で渡満し、2年後の除隊で帰国して後に、今度は自らの意思で再び満州へ渡り、哈爾濱《ハルビン》で官吏の職を得た。父の再度の渡満の動機が、私には納得できないまま心の中で燻《くすぶ》っていた。日本では生き辛《づら》く、満州に未来への希望を抱いたのだろうと、父の思いを想像はするのだが、そこは植民地であると微《み》塵《じん》も思わなかったのかと、責めたい思いもあった。

『五色の虹』を読むまで私は、「満州建国大学」は傀儡《かいらい》国家に役立つ人材を育てるために創設されたと思っていた。だが『五色の虹』を読めば、そこには言論の自由があり、政府の批判も口にすることができたという。朝鮮人学生だった人は、過去を振り返って「満州国は日本政府が捏造《ねつぞう》した紛れもない傀儡国家でしたが、建国大学で学んだ学生たちは真剣にそこで五族協和の実現を目指そうとしていた」と著者の取材に答えている。それを読んだ私は、父の渡満について心に抱えていた燻りが、霧消していくのを感じた。父の思いもそうだったのだろうと思えた。当時の日本人社会は無批判に満州国建国を喜ぶ流れだったかもしれないが、中には批判を抱きながら、だからこそ真の五族協和を理想とする空気もあったのだと思う。読後の私は、満州について書かれたものを読む際にも、以前のような一面的な見方からではなく、もう少し重層的な見方で考えるようになった。

そうして『五色の虹』読了後の私は、著者である三浦英之ファンになった。しっかりとした取材をもとにして、丁寧に書きながら感情に流されず、しかも取材対象となった人への愛に満ちて、硬質ながら温かな筆致で書かれていると感じたからだ。

２０１１年3月。

東日本大震災、そして東京電力福島第一原子力発電所事故。

テレビも新聞も連日ニュースを報じていたし、ネットにも情報が溢《あふ》れた。それらを見たり読んだりしながら私は、四角い画面の外にあること、取材されながら記事にならなかったこと、あるいは取材さえもされなかったことを知りたかった。震災と原発事故という二重の被災地である福島に行きたかった。自分の目と耳で見聞し、いろいろ知りたかった。だが、「知りたい」という思いだけで行っても良いのか。それは被災地・被災者に対して不遜なことではないのか。そう考えると、足を踏み出せなかった。

その年の7月、岩手県の花巻に行く用事が生じ、用事を済ませた後で「遠野まごころネット」のボランティア活動に参加した。津波を受けた家屋の内部の片付け作業に加わり、被災地で私にもできることがあると知った。そして岩手からの帰宅後に、南相馬市の社協にボランティア登録をした。

8月、初めて行った福島県南相馬市で宿泊したビジネスホテル六角は、現地民間ボランティアグループ「六角支援隊」の拠点だった。そうとは知らずにそこに宿を取ったのだったが、そこから毎日社協のボランティアに通ううちに私は、社協でのボランティアではなく六角支援隊の活動に加わるようになった。以来、毎月南相馬に通い、現地の状況を見、仮設住宅に避難している人や避難せずに自宅に留《とど》まって暮らしている人たちから、話を聞いてきた。

やがて六角支援隊が活動を閉じると私の訪問先は飯舘村、浪江町と他の地域へ広がっていった。運転ができないのでその頃からはいつも、浪江町出身の今野寿美雄さんにお願いして一緒に動いてもらっていた。今野さんは、元放射線作業従事者として原発や原発事故に関して経験も知識も豊富で、また交友関係も広く、被災者たちの現状や彼らの思いをよく知っていた。だから被災地に入る国内外のジャーナリストやボランティアからガイドを頼まれることが多かった。私もその一人だった。

その今野さんと一緒に行動していたある日、著者を紹介された。2020年の春たけなわの頃だったと記憶している。

その日は飯舘村を回ってから南相馬に行き、宿はビジネスホテル六角に取っていた。スーパーで買ってきた食べ物と酒類をカウンターテーブルに置くと、今野さんは携帯で誰かと話していた。「そう、来れるね。じゃあ待ってます」と今野さんは電話を切って、「朝日新聞の三浦さんが来ます」と言った。そう名前を聞いても、私は気が付かなかった。やがてやってきた人と初対面の挨拶を交わし、頂いた名刺を見て驚いた。「あの三浦さん！　五色の虹の？」「はい、そうです」と答えが返り、続けて「ぼく、野田さんと信濃川を下ったことがあるんです」と言った。それからは初対面の堅苦しさは溶けた。そして、私たち家族にとってとても大切な友人で、共に過ごした時も多かった野田知佑さんと三浦さんが知り合った訳を聞かせてもらった。

三浦さんは新潟勤務時代に取材をしたことを、その後『水が消えた大河で　ＪＲ東日本・信濃川大量不正取水事件』として刊行した。それは、ＪＲ東日本が発電ダムの取水量の観測装置に、規定以上の取水をしても規定内に収まっているように記録する違法なプログラムを組み込んで、何十年も許可上限を超える川の水を抜いていたことを暴いた本だった。当時は無名の著者の初めての書籍出版であり、書評も反響も全くなかったという。自信をなくしていた時に、「日本の自然環境と大企業の問題に深く切り込んだ素晴らしい本だ」と、手紙を寄せてくれたのが野田さんだったという。それだけでなく野田さんは、水が戻った信濃川で一緒にカヌーに乗ろうと言って新潟に来てくれて、キャンプをしながら信濃川を下ったのだという。その川旅のキャンプで焚《た》き火《び》を囲みながら、野田さんは「身辺雑記のエッセーのようなものではなく、国や大企業の姿勢によってこの国の自然が破壊されていく過程を、しっかりと骨太のノンフィクションとして読み応えのある物語として書き続けて欲しい」と、三浦さんに言った。学生時代からカヌーを趣味にして、野田さんの著作を読み続けてきていた三浦さんにとって、神様からの言葉のようだったという。

信濃川の河畔で野田さんから言われた言葉が大きな支えになり、それからのノンフィクションを書いてきたと、三浦さんは眩《まぶ》しい笑顔を見せて言った。

野田さんの言葉を支えに三浦さんが書いてきた内の一冊、『五色の虹』を私は読んだのだった。それを読んで、「しっかりと取材された骨太のノンフィクション」を感じたのだ。三浦さんの話を聞いて、私も野田さんとの思い出を語り、野田さんに背中を押されて今の私が在ることを話した。

ひとしきりのそんな会話の後で今野さんと三浦さんは、最近の南相馬や他の被災地・

被災者の状況、行政の動きなどを話し出し、私も二人の会話に加わっていった。三浦さんから聞く南相馬や浪江の話は、興味深かった。その中で「浪江で新聞配達していたんですよ」と言うのを聞いたが、すぐに話題は直近で気がかりな事柄に移っていった。新聞配達をしていた時の体験が、我が家では購読していない朝日新聞全国版に連載されていたと知ったのは、『白い土地　ルポ 福島「帰還困難区域」とその周辺』を読んだ時だった。

『白い土地　ルポ 福島「帰還困難区域」とその周辺』の読了後私は、著者の取材姿勢と対象に向ける眼差《まなざ》しに、改めて感銘を受けた。『五色の虹』を読んだ時の思いが蘇《よみがえ》った。

口はばったいことを言うようだが、私は足繁《あししげ》く現地に通っていたから、被災地から遠く離れたところで生活している人たちよりは、現状を理解している自負はある。しかし、同じ地域に行き同じ人に会いながら、私には見えていなかったものを著者は見ていたし、私には聞こえていなかった声を聞いていた。自身の感情に溺れずに冷静に事実を語りながら、その筆致から著者の息吹が伝わってくるようだった。

「序章」に、こう書いている。

《白地（しろ・じ）》という聞き慣れない行政用語を著者が最初に耳にしたのは、福島県北部の福島市から東沿岸部の南相馬市に移住した頃のことで、大熊町の職員から「《白地》とは帰還困難区域の中でも特定復興再生拠点区域以外のエリアを指します。白地図に落とし込んだとき、そこには避難指示解除の予定日や除染の開始日が何も記されていないから――」と教えられた。そのことを著者は、「政府の判断によって新たに生み出された、還《かえ》れる『帰還困難区域』と、還れない『帰還困難区域』」と解説し、「《白地》とはすなわち後者」であると言う。そして「原子力行政の失敗によって『還れない』とされた土地にはかつて、どのような歴史や文化があったのか。その周辺では今、どのような人々がいかなる感情を抱いて生きているのか」と取材を重ね、この本を書いた。

「人々は夢を追い求め、光に踊らされ、やがて深い闇へと沈んでいった。そんな暗示的な光と影の季節の中を、私は『白い土地』へと通い続けた」

著者は取材にあたっての心づもりを、そう書いている。

最初の章「夕凪《ゆうなぎ》の海」で取り上げている木村紀夫には、私も何度も会って話を聞いてきた。だから、この章で書かれている内容は私も聞き知っていることだったし、また著者の取材時の状況も、目に浮かぶようだった。

木村の自宅は、爆発した原発から4キロ地点の大熊町にあった。津波で父、妻、次女を亡くし、父と妻の遺体は発見されたが次女は遺体の一部が見つかっただけで、木村は今も次女・汐凪の遺体を探し続けている。被災後、長女の舞雪と長野県白馬村に避難し、そこから大熊町の自宅周辺の海岸で遺体捜索を続けてきたが、舞雪が高校を卒業し東京の製菓学校に進学するために家を出ることになったのを機に、木村もいわき市に住居を求めて引っ越し、今はそこから大熊町の自宅跡に通っている。

この章の終わりの方で、著者は木村に東京オリンピックについてどう思うのかを問いかけている。「どう思いますか。世間では『復興五輪』って呼ばれているみたいだし」。オするると返ってきた答えは、家族も地域も失ってしまった木村には『復興』はないが、オリンピックはちょっと楽しみだという言葉だった。

実は私も同じことを木村に聞いたことがあった。木村は憤りを全く帯びない口調で、著者に言ったと同様に答えた。なぜ怒らないのかと、私は木村の返答に少し不満を抱きながら聞いたのだった。

著者は、答えた木村が吹き上げた海風の中で笑ったと描写しながら、その答えに何を感じたかは書かず、答えを聞いた後のことを、「津波に洗われて基礎だけが残った自宅跡に腰掛けて、二人で簡易バーナーで湯を沸かし、カップラーメンを食べた」と描写する。

二人が会話を交わしている場所は大熊町の木村の自宅跡。このあたり一帯は中間貯蔵施設用地内の一角だ。国（環境省）は地権者たちに土地を売るか貸すかの契約を求めて用地を確保したのだが、木村は契約に応ぜず、汐凪の遺骨が埋まっているかもしれないその周辺を緑地で残すよう交渉し、町の応援も受けて緑地のまま残っている場所だ。

この章を、著者はこう綴《つづ》って締める。

「そんなふうにして、私たちは今、『復興五輪』の現場を生き抜いている」

この文章に私は、著者の思いが深く込められているのを感じる。

第二章「馬術部の青春」では、「馬の町」南相馬の一夏のことが書かれている。南相馬には1000年続く祭礼の「相馬野馬追」があり、それは毎年7月末に行われる。私も震災の翌年にこの祭礼を見たが、甲冑《かっちゅう》に身を固めた騎手たちが家紋を染め抜いた旗指物を背負っての甲冑競馬など、さながら時代絵巻を見るようで心が弾んだ。そのような歴史を持つ町に在る相馬農業高校馬術部の3名の部員が、2019年のインターハイの予選に出場した時のことをルポしながら、被災した伝統の街に生きる青春像を描き出す。

第三章では青春の只中《ただなか》にいる若者を描いたが、第三章「『アトム打線』と呼ばれて」は、青春の残像を追う中年男性たちが主人公だ。高校野球で甲子園の土を3度も踏んだ歴史のある県立双葉高校野球部のOBたちだ。双葉高校は1923年に創設された文武両道の進学校だが帰還困難区域に立地しており、現在休校中だ。野球部ユニホームの「FUTABA」の名前を繋《つな》ぎたい、いつの日か後輩たちがこのユニホームを着る日のあることを夢見て、「マスターズ甲子園」を目指す中年の男たちを描く。

私が会った被災者の中には双葉高校出身者も何人かいる。避難後の生活を語りながら、自身の生い立ちを語る時には誰もが「双校出身です」と誇らしげに言うのだった。ある時私は、そんな一人である女性と一緒に、富岡町の彼女の自宅跡を訪ねたことがあった。常磐線再開に合わせて新たに造り直された駅舎の前を通った時彼女は、「野球部が甲子園に行く時全校生徒がここで校歌を歌ったのよね。暑い日だった」と言った。学校のそばを通って行きたいと言う彼女の言葉で、グラウンドの脇道を通った。校庭のフェンスの向こうの草叢《くさむら》に、野球ボールの入った籠が埋もれて在った。「夏草やつわものどもが夢の跡」の句が脳裏に浮かんだが、これは「核汚染つわものどもが夢の跡」なのだと思った。

第四章「鈴木新聞舗の冬」は、浪江町の老舗新聞店で配達業務を手伝った著者の体験が綴られる。私が初めて著者にあった時にチラと聞きながら、詳しくは聞けなかった話だ。新聞配達という行為を通じて、避難指示解除になった町の現実を伝えたくて始めたという。そしてそれは、朝日新聞全国版に15回の連載記事となり、この本の執筆に際し再掲載した。

この章を読んで私は、「身辺雑記のエッセーのようなものではなく骨太のノンフィクションとして読み応えのある物語として」と著者に言った野田さんの言葉が胸をよぎった。これは半年間の自身の体験を書きながら、決して「身辺雑記のエッセーではない、読み応えのある物語」と感じたからだ。

第五章から第七章までの「ある町長の死」は、浪江町長馬場有の語ったことを書き溜めたものだ。避難指示解除後を描くには、町長へのインタビューが不可欠と思えたが、その頃の馬場は体調不良で長く公務を休んでおり、インタビューが叶わずにいた。そこで著者は「町長の半生を口述筆記の形で書き残させていただけないか」と取材依頼の手紙を出した。病気を理由に断られるかと思っていた著者に、本人から快諾の電話があり、著者が記事にしている新聞の連載を「浪江町の現状がそのままの形で記されていて、町政を預かる者としては心から感謝して」いると言った。そして口述筆記を受けるにあたっての条件として、馬場が許可するか、万一のことがあった後での掲載に、と言った。現職の首長である馬場の発言が、周囲や議会へ影響を及ぼすことがないようにと案じてのことだった。

初めての口述筆記は2018年4月6日、馬場の自宅で行われた。

「今でも『原発事故による死者はいない』と言う人がいますが、あれは完全に間違いです。浪江町にはあの日、本来の情報が届いていれば、命を助けることができたかもしれない人がいた。それをどうしてもあなたに伝えて欲しく……」と2011年3月11日の浪江町を語った。

激震の後で津波情報を受けて、消防団に町民救助の要請をした。消防団は救助に赴いたがすでにあたりは夕闇が迫り、人の気配を感じながらそれ以上の活動はできず、後できっと来るから待っていろと言い残して役所に引き上げた。

国は11日夜、原子力緊急事態宣言を発令し大熊町と双葉町の、原発から半径3キロ以内の住民には避難指示が、翌早朝には両町の10キロ圏内住民に避難指示が出されたが、原発立地ではない浪江町には、何も伝えられなかった。馬場が国の避難指示を知ったのは、12日朝のテレビニュースからだった。馬場は10キロ圏内住民を、原発から20キロ以上離れた町西部の津島地区に避難させることに決め、消防団には町内に残っている住民を避難させる役を担ってもらい、役場に戻ったのは夕方になってからだった。

2回目の口述筆記は、1週間後の4月13日にやはり自宅で行われた。

3月12日、全町民2万1000人の内、約8000人が津島支所周辺の公共施設や民家に身を寄せた。13日の午後。白い防護服で周辺を測定している男たちを目にした馬場は「住民が不安になるから、そんな格好で活動しないでくれ」と言ったが、文科省から委託された調査員らしい男たちは「上に申し入れるように」と言うだけで、何のために何を測定しているかなど、何も伝えようとはしなかった。そこには県警の警察官もいた。

14日、1号機に続き3号機が水素爆発。15日早朝、馬場はさらに遠く安全な福島県二本松への再避難を決め、二本松市長の三保恵一に懇願し、町民避難を受け入れてもらった。

3月下旬に二本松東和支所の浪江町仮役場を訪れた東電幹部に、暖房器具の寄贈を頼んだところ、幹部に同行していた東電社員が持っていた書類には「ストーブ＝大熊町、双葉町四〇台、浪江町五台」と書かれていた。

5月4日、東電社長の清水正孝が二本松の仮役場に謝罪に訪れたが、賠償補償など「全力を挙げて取り組」むと予定調和的なことを粛々と述べるだけで、最後まで馬場と目を合わせようとさえしなかった。原発業者は周辺自治体と通報連絡協定を結ぶことが定められており、東電と浪江町の間でも結ばれていた。しかし浪江町に「スピーディ」の情報は隠されて伝えられず、その事実を馬場が知ったのは5月下旬に県の担当者から報告を受けてだった。

3回目の口述筆記は２０１８年4月18日に行われた。

原発事故発災当時に政権を担っていた民主党にどんな感想を持っているかを問われて馬場は、「原発事故の対応にあたった民主党政権だけでなく、その後を引き継いだ自民党政権についても、彼らは結局、常に『東京』を見ていたような気がします」と答えた。

２０１７年３月31日、浪江町は帰還困難区域外の避難指示が解除された。これに先立って開いた住民懇談会では、町民の意見は割れた。１日も早く帰りたいという声がある一方で、放射能を案じ解除は時期尚早との意見もあった。そんな中で馬場は、町を残すにはどうすれば良いのか、浪江町を無くしてはいけないと強く思うばかりだった。

４月23日に予定されていた４回目の口述筆記の前日に、馬場から延期を希望する電話があった。その後も何度か日取りについてのやり取りを交わしたが、馬場が後援会の幹部に辞意を漏らしたのを知った著者が、６月４日に確認の電話をすると苦しげな声で「三浦さんとの口述筆記、続けられずに申し訳ありません」と言って、電話は切れた。

馬場の逝去は、それから３週間後のことだった。

この章を書きながら著者は、一人の男を思い出している。『五色の虹』には満州建国大学出身の上野英信のことを書くことができなかったのだが、夕陽の差し込むリビングで「何が周辺市町村との共立だ。いつだって言葉ばかりだ」と言った馬場の姿に、壮絶な体験を重ねてきた上野を思い出したのだった。

弔問に訪ねた自宅で、遺族からは「安らかな死でした」と聞かされた言葉とはまるで違って、著者が見たのは「町民の辛苦を一身に背負ったような、骨と皮ばかりになった老人の死に顔だった」。

こうして口述筆記は、主人公の死によって、完成することなく途切れてしまった。馬場は記録を残すことを、非常に大切に心がけていたという。写真家の中筋純は、2013年から頻繁に浜通りに通い被災地の情景とその変化を記録し続けているが、避難指示が出ている町村へ入るには公益一時立入許可証が必要だった。浪江町の職員は「しっかり記録を残してもらうようにと町長から言付かってます」と言って許可証を快く出してくれたという。

著者の口述筆記取材を馬場が受け入れたのは、医師からこのまま放射線治療を続けるかそれとも終末期医療に切り替えるか決断を迫られ入退院を繰り返していた時期だったという。記録を残したい一心が、取材を受け入れた。その第一日目に著者に語った「どうしてもあなたに伝えて欲しく……」の言葉は、楔のように残っていよう。途切れてしまった口述筆記が、無念でならない。

第八章「満州移民の村」では、津島に生きる満州からの引揚者を描く。

津島の住民たちは東電を相手取って「ふるさとを返せ　津島原発訴訟」を起こした。私はこの裁判支援をしているが、最初は、放射能で汚染されたふるさとを除染して、元のように住める場所にして返せという訴えが、よく理解できなかった。除染というが、汚染土を剝いでフレコンバッグに詰め中間貯蔵施設に搬出しても、放射能は場所を移動するだけなのだ。しかも、山林の除染など無理なことなのだ。だが裁判の傍聴を重ねるうちに、「ふるさとを返せ」の思いが理解できるようになった。「ふるさと」を持たない私も、ふるさとを奪われて失《な》くした彼らの思いに深く強く頷《うなず》けるようになった。その土地で育まれてきた歴史や文化、さまざまな繋がり、つまり「ふるさと」とは、彼らのアイデンティティそのものなのだ。

津島には縄文時代から人の暮らしがあったようで、縄文土器が発掘されてもいる。そこまで時代を遡らずとも、1000年ほど前からの暮らしを辿《たど》ることができる。そのように古くから住み着いていた人たちがいる一方で、満州からの引揚者やその子孫も少なくない。

日本は敗戦後の緊急開拓事業として復員軍人、海外引揚者などに向けて国策として山野の開拓を奨励してきた。満蒙開拓はもともと現地中国人の畑だったのを取り上げるようにして日本人の畑にしたが、帰国後の開拓は、荒地の木を伐採・抜根して岩石を取り除いて畑にしていく文字通りの開拓だった。

津島、そこは《白地》だ。一部だけ特定復興再生拠点として除染し、役場機能も戻し復興住宅も10戸建ち、8戸は埋まった。だが大部分は畑も牧場も原野に戻り家屋は野生動物に荒らされ、放射線量は高く人が住める場所ではない。

第九章「フレコンバッグと風評被害」では汚染土を詰めたフレコンバッグが流出した

事件を追い、第一〇章「新しい町」では、大熊町の「特定復興再生拠点」の至極不自然な「復興」の様子とその実態を描く。第一一章「聖火ランナー」の中で著者は、五章から七章の「ある町長」の口述筆記の中では触れなかった事実を書いている。町長の馬場有は著者に、東北電力による「浪江・小高原発」の建設計画に関して、「どこからどのようなカネが流れ込んだのか」調査してほしいと依頼したというのだ。この調査依頼は、馬場にとって悲願と言えることだったのではないだろうか。

ここまで読んで私は、著者が五章から七章の章タイトルに具体的な町名や個人名を書かずに「ある町長」とした理由に思いを馳《は》せた。ここで書いているのは浪江町長馬場有の口述筆記だから具体的な話ではあるが、構造的には他の地方自治体でもあり得る話だろうし、他の自治体首長も少なからず馬場と同様の思いを抱くことがあるのではないか。だからこれは、国家権力の下位に位置する地方自治体にとっては普遍的な事柄だろう。それで「ある町長」というような言葉になったのではないか。すると、一章から四章までのそれぞれ「読み応えのある物語」は、本論を伝えるための序章であったかもしれない。五章から七章は、一地方行政と国との相互関係を描く本論の核心となる部分だ。そして八章から一一章で鳥瞰図《ちょうかんず》的に、政府（国家と言い換えてもいいだろう）が守りたいものは、地方行政や国民の安寧な暮らしではなく、「国家権力」なのだという事実を描いている。私には、そう思える。

終章「一〇〇〇〇年先の未来」。現職官僚の「国家」について語る言葉に、著者同様に、私も心が折れそうになる。「絶対安全」と建設を進めてきた原発が事故を起こした後では、拡散された放射能を「安心」と言いくるめてきた。汚染土を「除染土」と言い換え、汚染水を「処理水」と言い換えて2023年8月24日、ついに海洋放出に踏み切ってしまった。

2023年4月に浪江町に福島国際研究教育機構（F-REI）が設立された。これは「科学技術力や産業競争力の強化を牽引《けんいん》し経済成長や国民生活の向上に貢献する世界に冠たる創造的復興の中核拠点」とすべく官産学が一体となっての機関だ。原子力発電所も満州開拓も戦後の開拓事業も、「国策」であった。このエフレイもまた、国策だ。

こんな国に、私たちは生きている。いや、それでも私たちは生きていく。

最初の著書『水が消えた大河で』以来、著者は一貫して国家や国策、大企業など巨大な力の様相と、そこに生きる市民の姿を描いてきた。激しい憤りの言葉ではなく、あきらめの言葉でも決してなく、静かな悲しみの中に怒りを込めて描いてきた。著者の文中の言葉に、何度私は胸を突かれたことだろう。野田さんが、著者に語った言葉が蘇る。

「国や大企業の姿勢によってこの国の自然が破壊されていく過程を、しっかりと骨太のノンフィクションとして読み応えのある物語として書き続けて欲しい」

野田さんに、この本を読んで欲しかった。

（わたなべ・いちえ　作家）

本書は、二〇二〇年一〇月、集英社クリエイティブより
刊行されました。

初出
集英社ウェブイミダス「『復興五輪』の現場から」
二〇一九年一〇月〜二〇二〇年四月連載
朝日新聞

登場する人物名は敬称略とし、年齢・役職等は取材当時
のものです。

JASRAC出2307111-301

集英社文庫

白《しろ》い土地《とち》 ルポ 福島《ふくしま》「帰還困難区域《きかんこんなんくいき》」とその周辺《しゅうへん》

2023年10月25日　第1刷　　定価はカバーに表示してあります。

著　者　三浦英之《みうらひでゆき》

発行者　樋口尚也

発行所　株式会社 集英社
東京都千代田区一ツ橋2-5-10　〒101-8050
電話　【編集部】03-3230-6095
【読者係】03-3230-6080
【販売部】03-3230-6393（書店専用）

印　刷　TOPPAN株式会社

製　本　TOPPAN株式会社

フォーマットデザイン　アリヤマデザインストア　　マークデザイン　居山浩二

ISBN978-4-08-744582-4 C0195